科学新入門 上

大きすぎて見えない地球 小さすぎて見えない原子

板倉聖宣

仮説社

はしがき

板倉　聖宣

本書は、一九七五年一月に太郎次郎社から出版された『科学新入門・科学の学び方教え方』の前半部分です。後半部分は、迷信・超能力などと科学の違いを明らかにしてあって、性格がかなりちがう内容であることもあって、別の書名を付して、少しあとに出版される予定ですが、前半の本書も、別の書名をつけていただきました。

この書名は、仮説社でこの本の編集を担当して下さった川崎浩さんの提案によるものです。「地球は大きすぎて見えない、原子は小さすぎて見えない」などという書名は、常識外れのずいぶん長たらしい書名です。そんな長い書名など、私などにはとうてい言いだせない書名なのですが、著者と読者をつなげる編集者が考案して下さった書名なので、「それでいいものなら」というのでその意向にしたがいました。少なくとも、本書の後半部分は、この書名にぴったりとも言える内容が中心になっているからでもあります。本書の表紙には、その表題とマッチした「地球と水分子」が書き込まれていますが、これは実物のちょうど〈1億分の1の地球〉と、〈1億倍の水分子〉の大きさなのです。

＊

本書の内容は、もともと一九七三年二月に創刊された教育雑誌『ひと』の創刊号から連載された「科学新入門・科学の学び方教え方」という記事をまとめたものなのです。その『ひと』という雑誌は、「教師だけでなくお母さん方にも読める教育雑誌」として、私も遠山啓さんたちと一緒に創刊し、編集した雑誌でした。そこで、教師と母親、子ども向きの読み物として、大いに張り切って書きました。さいわいその連載は好評で、それをまとめた『科学新入門・科学の学び方教え方』という本も好評で、一九八九年四月に十三刷りが発行されました。

しかし、やがて遠山さんが亡くなられ、そのあと『ひと』の編集方針上の意見の食い違いが表面化したので、私はその編集委員から身を引きました。そんなこともあって、雑誌と同じ〈太郎次郎社〉から発行されていた本書の元版の発行もとどこおることになり、長らく「幻の本」となっていたのです。そこで今回、太郎次郎社の了解を得て、仮説社から装丁その他も変えて、新しく発行することにした次第です。下巻の最後には、ごく最近の情報を加える予定ですが、その他の部分は読みやすくするために少し手を加えたほかは、元版のままです。

私は、本書の発行後二年あまりのちの一九七七年五月に、本書と同じような一般読者にむけて、仮説社から『科学的とはどういうことか』という本を著しました。その本は、本書の元版の姉妹編というべき存在として、多くの読者に読んでいただけました。新しく生まれ変わった本書も、『科学的とはどういうことか』と同様、読みついで下さるよう、お願いいたします。

初版　まえがき

　この世の中には「自分は科学に弱い」と思いこんでいる人がたくさんいます。お母さんがたの大部分がそうですし、学校の先生がたのなかにもそういう人が少ないとはいえません。それでいて、そういう人たちは、「自分の子どもたちだけは科学に強くなってもらわなければこまる」とばかりに、子どもたちの尻をたたき、「学校の理科の勉強がよくできない」といってガミガミと叱ります。

　しかし、「自分はにが手だ、よくわからない」というものを子どもにおしつけて、それで子どもがよく勉強するようになるものでしょうか。いくら科学の時代だからといって、おもしろくないもの、わけのわからないものには興味がもてないことは、いまの子どもたちだっておなじことです。もしも「これからの時代には科学の理解がたいせつだ」とほんとうにお考えなら、そういうお母さんがた、先生がたこそ率先して科学を勉強されたらいかがなものでしょう。

こういうと、多くの人びとはきまってこういいます。「いやあ、私はもうだめです。私だって学校時代に理科を教わったんですが、だんだんわからなくなり、まるで興味ももてなくなってしまったんですから」というのです。「自分が科学に弱いことは、すでに実験ずみで明らかだから、どうしようもない」というわけです。

しかし、私は、そういう人たちだって、ちゃんと科学がわかり、おもしろいと思えるようになると思います。そういう人たちは悪い理科教育をうけたためにそう思いこまされてしまっただけだ、と思っているからです。いまからでもおそくはありません。ひとつ、科学のおもしろさを味わってみませんか。お母さんや先生がたが科学がおもしろいというようになったら、子どもたちだって、きっとそれに興味をもって勉強するようにもなるでしょう。だれだって、他人がおいしいおいしいといって食べているものを食べてみたいと思うものです。

この本は、そういう「科学に弱い」と思いこんでいる先生がたやお母さんがたにも、科学というもののおもしろさを知ってもらうために書いたものです。それなのに、この本の表題が「科学再入門」でなく、「科学新入門」としてあるのには、ちゃんとした理由があります。私の考えでは、「これまでの大部分の学校の理科教育や科学の本は、科学の断片的な知識ばかりつめこんでいて、本格的な科学のおもしろさについてはほとんど教えてくれなかった。だから、たいていの人は科学の門のなかにいちども案内されたことがないので、こんど新しく入門してもらおう」というつもりなのです。これまで科学のお城のまわりばかりをうろうろさせられていたみなさんに、いちど、なかにはいってみてもらおうというのです。

この本はこれまでの科学の本とはまったくちがう書き方がしてあります。ですから、これまでなんどか科学のまわりをうろうろした人でも、「またか!」と思うことはないと思います。また、すでに科学には強い自信があるという人でも、新しい話題がたくさん見いだせるように書いたつもりです。これまでの科学教育について考えなおしたい人がひろく読んでくだされば、うれしく思います。中学生・高校生のかたがたが読んでくださってもよいと思っています。

なお、この本は、雑誌『ひと』の創刊号(一九七三年二月号、太郎次郎社)から第十六号(一九七四年五月号)までに、十三回にわたって連載された原稿に加筆・訂正をほどこしたものです。連載中もそうでしたが、まとめる段階でも「あれも書きたい、これも書きたい」ということがつぎからつぎへとでてきて収拾にこまりました。ここに書ききれなかったことについては、また別の機会に書くことにして、ひとまずこれだけで世に送りだしたいと思います。

一冊にまとめるにあたっては、全体にわたって大きく加筆・訂正を加え、さらに話の配列を雑誌掲載の順序とかなり変更しました。また、雑誌連載中はわずらわしくなることをおそれて参考書などほとんどあげませんでしたが、この本では「あとがき」にかなりていねいに書き記しました。もちろん、ここにあげた参考書を読まなければ、この本の内容がよくわからない、ということはありません。とくに、そこに書かれていることについて深くつっこんで勉強してみたいというとき以外は気にしないでくださるようおねがいします。

なお、少しでも親しみやすい感じにしたいという出版社側の注文で、話のきれめのところに、古来のすぐれた科学者の肖像と略伝とをカットふうにはさみこみました。この略伝はとてもかんたんなものですが、とくにこの本の性格を考えて、その人たちが科学者となるまでのことを中心に書きましたので、ふつうの科学者の伝記とは少しちがっています。配列は生年順になっていますので、暇なときにでも、この略伝だけをつづけてひろい読みしてくださるとよいと思います。古来、科学者といわれる人びとがどのようにして生まれ育ち、科学がどのような人びとによって進められてきたのか、比較的よくわかると思います。

（一九七五年一月　　板倉聖宣）

もくじ　科学新入門・上　大きすぎて見えない地球　小さすぎて見えない原子

装丁　街屋（平野孝典）
本文イラスト　川瀬耀子
本文写真撮影　泉田謙／さとうあきら／編集部
塩の結晶作製　中西　康

第1話　自分の興味・感覚をたいせつにすること——雨つぶの落ちる速さ

「まえがき」にも書いたように、この本のねらいは、「科学に弱い」と思いこんでいる先生がたやお母さんがた、あるいは学生のみなさんに、「科学というものはこんなにおもしろいものなのか」と思っていただけるようにすることにあります。そして、「科学というものは頭のよい人間にしかわからないものだ、というのは、どうやらうそらしい」とか、「科学を知ると自分たちの生き方がより豊かになる」とかいうことを確認していただこうというのです。

優等生本位だったこれまでの理科教育

じっさい、これまでの学校の理科教育はあまりにも優等生本位につくられていました。多くの人びとがついていけなかったとしても、それはとうぜんのことです。優等生は先生のいうことや本に書いてあることにあまり疑問をもちません。そして、「先生や本がどんなことを教えこもうとしているか」ということをすばやくつかみとって、みんなすぐにおぼえこんでしまいます。

ところが、ふつうの人間にはなかなかそういうことができません。ふつうの人は、先生のいうことをきくよりさきに、まず、自分でいろいろ余計なことを考えてしまうのです。すると、それがしばしば先生のいうことや本に書いてあることとくいちがってしまうので、わからなくなり、さきにすすむことができなくなってしまうのです。そして、そのうちに先生のいうことや本に書いてあることがまるっきりなにがなんだかわからなくなってしまうというわけです。すこしは思いあたることがありませんか。

優等生というのは、〈先生や本など、権威《けんい》あるものにすばやく順応できる人〉のことをいうのです。そういう意味で「頭のよい」人のことをいうのです。そういう能力ではふつうの人は優等生にかないません。けれども、〈先生が教えもしないことや本に書いてもないような余計なこと〉を自分で考えるとなったら、優等生とふつうの人間とでどちらがすぐれているか、かんたんにはきめられません。私は、むしろその点ではふつうの人や劣等生のほうがすぐれているのではないか、という気がするのです。

ですから、「優等生むきの理科の教科書の内容を、ただ程度をおとしてやさしくすれば、それでふつうの人のための科学の話としてちょうどいい」などとはいえないと思うのです。むしろ、ふつうの人たちがこれまでの理科教育についていかれなかったのは、「その程度が高すぎたため」というよりも、「程度が低すぎてつまらなかったからだ」といえることがすくなくないのです。

優等生はおもしろくもないことでも、一生懸命勉強します。しかし、ふつうの人は、たいしておもしろくもないくだらないことだと、すぐに勉強するのがいやになってしまうのです。それがあたりまえな人間というものではないでしょうか。しかし、そういう人間のほうが、ほんとうに学ぶに値することをみつけたとき、本気になって勉強するようになると思うのです。

じっさい、私は、小・中学校で、これまでの理科教育の程度をぐんとあげて、本格的な科学教育を実施して、大きな成果をあげています。

一九六三年以来、私は、「仮説実験授業《かせつじっけんじゅぎょう》」という新しい科学教育についての考え方を提唱し、多くの先生がたと協力して、実験的な授業研究をすすめているのです。

この授業では、これまで学校の勉強にまるで興味をもちえなかった子どもたちまで、科学の授業が大好きになることが確認されています。そして、いままでとは反対に、それまで優等生だった一人か二人だけが一時だけ落伍《らくご》しそうになることがあるのをみてきています。

私たちの新しい授業の内容だと、自宅に手ごろな参考書もないので、優等生も予習してくることができません。だから、優等生はふだんの授業のように予習の成果を発表していいかっこうをすることができなくなります。

そんなとき、ほかのふつうの子どもたちと同じように自分の頭で考えればいいわけですが、優等生というのはとりわけまちがいをおそれるので、なかなか自分の頭で考えられないのです。記憶したことを発表するのとちがって、自分の頭で考えると、だれだってまちがえるのがあたりまえです。ですから、まちがえたってどうということはないのに、まちがいをおそれて、自分ではなにも考えられなくなってしまうのです。

小学校でも、優等生が自分の頭で考えられるようになるまでには、ふつうの子どもより数か月よけいにかかります。

小・中・高と優等生になろうと努力しつづけたら、自分の頭で考える能力がどんどんおとろえていくことでしょう。日本の科学や技術がGDPの成長に応じた成果をあげず、いまだに外国のものまねばかりしている傾向が強いのも、日本の教育が優等生むきのものだったせいだといってもよいと思います。

優等生ほどできない問題——雨粒の落ちる速さ

教育というものはすばらしいものです。と同時に、また、おそろしいものでもあります。人びとは、教育によって多くのことを知り、新しい考え方を身につけることができます。しかし、それと同時に、自分自身でものを考える能力を失わせることにもなりかねないのです。

具体的な例をあげましょう。私は、ここしばらくのあいだ、中学生や母親たちや学校の先生がたに話をする機会があると、きまってある一つの問題をだして考えてもらってきました。それは雨粒の落ちてくる速さの問題です。

雨粒といっても、大きさはいろいろあります。いわゆる「どしゃぶり」のときの雨粒の大きさは直径二〜三ミリメートルほどもありますが、いわゆる「きりさめ」のときの雨粒の大きさは直径〇・一五ミリメートルほどしかありません。大粒の雨はきりさめとくらべて直径で十倍以上、体積や重さではじつに一〇〇〇倍以上もちがうのです。

さて、「雨粒が地上にふってくるときの速さは、大粒の雨ときりさめとではどちらが速いと思いますか」ときかれたら、あなたはどう答えますか。

これにはふつう三種類の答えが考えられます。「ア．大粒の雨のほうが速い」というものと、「イ．きりさめのほうが速い」というもの、それから、「ウ．どちらもほとんどおなじ速さ」というものです。しかし、もう一つ、「エ．ときと場合によってちがうので、なんともいえない」という答えがあってもよいでしょう。

あとで見やすいように、問題文のかたちに書きなおしておきましょう。

〔問題1〕

雨粒にはいろいろあります。いわゆるどしゃぶりのときの雨粒の大きさは直径二〜三ミリメートルほどありますが、いわゆるきりさめのときの雨粒の大きさは直径〇・一五ミリメートルほどしかありません。大粒の雨は、きりさめとくらべて、直径では十倍以上、体積や重さではじつに一〇〇〇倍以上も違うのです。

この雨粒が地上にふってくるときの速さは、大粒の雨ときりさめとではどちらが速いと思いますか。

予想

ア．大粒の雨のほうが速い。

イ．きりさめのほうが速い。

ウ．どちらもほとんどおなじ速さ。

エ．ときと場合によってちがうので、なんともいえない。

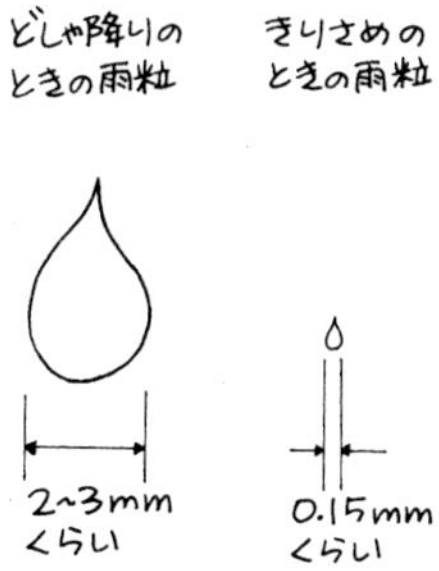

さて、みなさんはどう思いますか。頭の体操、パズルを解くつもりでみなさんも気軽に考えてみてください。この問題の答えは、その人の日ごろの考え方がしぜんにでてくるので、おもしろいのです。

さあ、どうでしょうか。私がこの問題をだしたところ、どこでもいちばん多い答えは、「ウ．どちらもほとんどおなじ速さ」というものでした。そして、つぎに多いのが「ア．大粒の雨のほうが速い」でした。「イ．きりさめのほうが速い」という人と「エ．ときと場合によってちがう」という人はほとんどありません。一般の小・中学校の先生がた百人だと、ふつう、ウが七十〜八十人、アが二十〜三十人、イとエがそれぞれ二〜三人というぐあいにわかれるようです。

ことわっておきますが、このような問題は、これまでの学校の教科書や参考書にはまったくといっていいほどでていないようです。ですから、小・中学校の先生がただって、学校で教わったことを記憶していて、それをたよりに答えているわけではないのです。

この問題は、高校の物理の先生でもそうすぐには正しく答えられないのです。しかし、だからといって、この問題は「あまりにも高級でむずかしすぎる問題」とはいえないでしょう。どしゃぶりにせよ、きりさめにせよ、雨のふるところはだれでもたくさん見ているし、中学や高校では物体の落下運動について教わっているからです。だから、この問題などは、とうぜん、みんながかできてよいはずだともいえるのです。

さて、みなさんはこの問題をどのように考えられましたか。

ある人はこう考えます。「雨のふっている光景を思いおこすと、どうしても大粒の雨のほうが速くふっていると思える」というのです。また、ある人はこう考えます。「大粒の雨のほうが大きくて重いのだから、速く落ちてくるにきまっている」というのです。この二つはいずれも「ア．大粒の雨のほうが速い」の理由になります。

しかし、ほかの人びとはこう考えます。「たしか学校では、大きな石でも小さな石でもおなじ速さで落ちると習ったっけ」というのです。そして、「この場合もおなじ水滴だから、どちらもおなじ速さで落ちるにきまっている」というのです。これはウの理由です。

「イ．きりさめのほうが速い」という人は少数ですが、これにも立派な理由があります。その人たちはこういうのです。「雨粒は空気中を落ちるのだから、小さな粒のほうが空気をかきわけて落ちるのにつごうがよいのではないか」というのです。

ア、イ、ウそれぞれ、いちおうもっともな理由があります。いったいどれが正しいのでしょう。

この答えは、じつはアなのです。大粒の雨のほうが速いのです。それも二倍や三倍の速さの差ではありません。どしゃぶりの雨の地上での速さは秒速六〜八メートルくらい（時速にすると二〇〜三〇キロメートル）で、きりさめの速さは秒速〇・五メートルぐらい（時速二キロメートル——人の歩速よりおそい）です。ですから、大粒の雨のほうが十倍以上も速く落ちていることになるのです。

じつは、この答えはだれでもが知っていることだ、といってもよいでしょう。

ここにどしゃぶりの雨ときりさめの光景を描いたかんたんな絵があります。一方は雨の走る線が長く描いてあり、他方はうんと短く描いてあるだけです。この二つをならべて、「どちらがきりさめで、どちらがどしゃぶりの雨だかわかりますか」ときくと、ほとんどの人が線の長いほうをどしゃぶりの雨だと答えます。きりさめはひじょうにゆっくりふってくるので、あまり長い線にはみえないのです。「きりさめ」ではなくて、「きり」そのものになると、もう空中にただよっていて、下に落ちてはきません。「きりなのか、雨がふっているのかわからない」といったことも、ときどき経験されることです。

だから、この問題は、そういう自分の経験を思いだせば、だれだって正しく答えられるはずのものなのです。ところが、多くの人は、この問題をそういう自分の経験で判断するよりも、学校で教わったことをもとにして考えようとします。それでまちがってしまうのです。

中学校の理科や高校の物理では、「真空中ではどんなものでもおなじ速さ（より正確にはおなじ加速度）で落ちる」いうことを教えています。そこで、多くの人びとは、その知識をもとにして、「おなじ水滴なんだから（空気中でも）おなじ速さで落ちるだろう」と考えてしまうのです。そう考える人たちだって、「どしゃぶりの雨のほうが速くふってくるような感じがする」ということに気づかないわけではありません。しかし、「それはなにかの錯覚《さっかく》だろう」と考えて、自分の感覚よりも学校で教わった理屈のほうをむりやり優先させてしまうのです。多くの人びとは、知らず知らずのうちに、自分自身の直接経験していることまで、学校で教わったあやしげな知識で否定してしまうのです。

これは教育のおそろしさを示すものといえないでしょうか。私自身を含む多くの日本人が、「大東亜戦争《だいとうあ》」を積極的に支持して、「鬼畜米英《きちくべいえい》」と戦う気にさせられたのも、おなじような教育の「成果」でした。この場合も、私たちの先輩たちは内々「戦争はいけないものだ」「戦争はしたくない」と思いつつも、自分たちの感覚よりも教えられたことを優先させて考えるようにさせられてしまったのです。

ところで、私がこの文章を書いたら、なん人もの先生がたが、「ほんとうに、みんな、そんなにできないだろうか」と半信半疑で、いろんな学校でテストしてみたようです。広島大学（当時）の城《しろ》雄二先生が教育学部の小学校教員養成課程の学生諸君三十七人にテストした結果によると、優等生型のウの答えが二十四人と圧倒的に多く、正答のアは八人、イが五人となっています（津久井憲司「ほんとうの理科教育とは」、『ひと』一九七四年四月号所収、太郎次郎社）。そのほか、理工学部系の学生にきいてもおなじような結果がえられることがわかっています。

「なぜ大粒の雨のほうが速く落ちるのか」——私は、その理由をちゃんと知ってもらおうと思って、ここに、こんな話題をもちだしたのではありません。しかし、物理学には多少の自信があるのに、この問題に正しく答えられなかったというような人たちには、この問題はいささかショッキングだったようで、「なぜ大粒の雨のほうが速く落ちるのか、その理由を教えろ」という人がたくさんいます。

その理由をかんたんに説明すると、空気が雨粒の運動をじゃまするからです。「大粒の雨だって、小粒の雨だって、空気の抵抗をうけることには変わりはないだろう」という人がいるかもしれませんが、それはそうです。しかし、小粒の雨ほど、その重さにくらべて断面積が大きく、空気の抵抗をうける割合が大きいので、速さがおそくなるのです。真空中でなら、大粒の雨も小粒の雨もおなじ速さで落ちるはずですが、真空中だったら、雨粒はすぐに蒸発して水蒸気になってしまうことでしょう。(ものの落ち方について、さらにつっこんだことを知りたいひとは、私の書いた『ぼくらはガリレオ』(岩波科学の本)を見てください。中学生にも読める本です)

教育が逆効果になることもある

ところで、「真空中ではどんなものでもおなじ速さ(正

直径0.2ミリの雨粒の場合,
断面積は, $0.1 \times 0.1 \times 3.14 = 0.0314$ mm²
形が球形だとしたときの体積は,
$3.14 \times 0.1 \times 0.1 \times 0.1 \times 4 \div 3 = 0.00419$ mm³
直径2ミリの雨粒の場合,
断面積は, $1 \times 1 \times 3.14 = 3.14$ mm²
球形だとしたときの体積は, $3.14 \times 1 \times 1 \times 1 \times 4 \div 3 = 4.19$ mm³
直径が10倍になると, 重さは1000倍になるのに, 断面積は100倍にしかならないので, その重さに比較して空気の抵抗はそんなに大きくならない。

確にはおなじ加速度）で落ちる」という法則は、十七世紀のはじめに、イタリアの科学者ガリレオ・ガリレイ（一五六四〜一六四二）が発見したものです。

ガリレオがその落下法則を発見するまえ、人びとは「重いものほど速く落ちる」と考えていました。じっさい、木の葉は石よりもゆっくり落ちるし、大粒の雨はきりさめよりも速く落ちることを知っていたからでしょう。それに、そのころの学者たちがもっとも信頼していた古代の大哲学者アリストテレス（前三八四〜前三二二）の本を見ても、「重いものほど速く落ちる」と書いてあったのです。

中世《ちゅうせい》の学校《スコラ》でキリスト教の教義を中心にあらゆる学問を研究していた学者たちのことをスコラ学者といいますが、そのスコラ学者たちはアリストテレスをたいへん信頼していました。そのアリストテレスのいうことと、自分たちの経験するところとがよく一致しているのですから、ほとんどだれもそのことを疑うものはいませんでした。

しかし、ガリレオはアリストテレスやそのころのスコラ学者たちのいっていることに納得できませんでした。ガリレオは、学校《スコラ》の教える学問よりも機械技術に役立つ学問のほうに関心があったので、おのずからちがうことを考えるようになっていたのです。それに、その方面での先輩もいました。木の葉と石のように材質のちがうものではなく、大小二つの石を同時に落とすと、ほとんど同時に落ちることは、機械技術に関心のある人たちのあいだでは前から知られていたのです。そこで、ガリレオは、実験や思考を重ね、かずかずの失敗をくりかえしたすえに、その正しい落下法則に到達したわけです。

この話は、子どもたちや一般の人びとを対象とした科学の歴史や発明発見物語などによくでてきます。けれども、ふつうは話がもっとかんたんになっています。そして、「中世のスコラ学者たちは、実験もせずにアリストテレスのいうことを信じて、重いものほど速く落ちると主張していたが、ガリレオははじめて実験をして人びとのまちがいを正した。そして、それ以後、実験と数学にもとづいた科学が急速に進歩するようになった」といった結論がひきだされているのがふつうです。ガリレオは、それまでの権威《けんい》・アリストテレスやスコラ学者たちを相手に、「真理は権威によって保証されるのではなく、実験によって保証されるのだ」ということを示したというわけです。

それでは、そのようにして確立された近代科学を学校《スクール》で学んでいる現代の人びとは、権威よりも自分の経験——実験を重んじるように教育されてきているでしょうか。

残念ながら、「そうではない」といわなければなりません。今日のおとなや子どもたちは、自分たちの経験している事実を棚《たな》にあげて、学校《スクール》物理で教わったことをもとにして、「大粒の雨も小粒の雨もおなじ速さで落ちる」と考えているからです。今日のおとなたちの多くは自分自身の経験事実よりも学校で教わったことをもとにして（まちがって）考えるように習慣づけられているのです。

もっとも、今日の子どもやおとなたちだって、そのすべてが雨の落下速度の問題をまちがって考えるわけではありません。「大粒の雨のほうが速い」と正しく答える人たちも二〜三割ぐらいはいるのです。

けれども、そういう人たちでも自分たちの経験事実にそれほど自信をもっているわけではありません。そのことは、それらの人たちにつぎの二つの問題をやってもらうとよくわかります。

はじめの問題はこうです。

〔問題2〕

ここに、ネンドでつくった二つの玉があります。一つは重さが五〇グラムほどあり、もう一方は直径がその五分の一ぐらいで、重さは〇・四グラムほどです。この二つの玉を高さ一～二メートルのところから同時に手放したら、どちらがさきに床の上に落ちるでしょうか。

これはかんたんに実験できます。石ころでも土の玉でもいいですから、いちどやってごらんなさい。両方ともほとんど同時に床の上にぶつかります。すくなくとも肉眼ではどちらが速いか区別はつきません。そこで、つぎの問題に進みます。

〔問題3〕

ここにピンポン玉と、それとおなじ大きさのネンド玉とがあります。重さは、ピンポン玉が約二グラムで、ネンド玉が約五〇グラムです。この二つの玉を一～二メートルの高さから同時に手放したら、ど

ちらがさきに床に落ちるでしょう。

これもピンポン玉とネンドさえあればかんたんにできます。この場合、ピンポン玉は空気の抵抗のためにうんとおそくされて、ネンド玉のほうが床にはやくぶつかりそうにも思えます。けれども、実際にやってみると、そんなことにはなりません。なん回やっても、「同時に床にぶつかった」としかいいようがないでしょう。

こんなことをいうと、「それは、落下時間があまり短すぎるので、区別がつかないだけではないか」という文句がでてきそうです。

そこで、その実験もやってみましょう。落とす高さをほんのすこし――四～五センチメートルほどかえてみるのです。すると、たしかに低いところから落としたほうがはやく床に衝突することがわかります。高さ四～五センチメートルのちがいでも区別がつくのですから、この実験はかなり正確だということができるのです。(ピンポン玉とネンド玉との場合は、落とす高さが四～五メートルにもなると、ピンポン玉のほうが目にみえておそくなります。ピンポン玉のように、断面積とくらべて重さの軽いものは、あるていど速くなると、地球の引力にたいして空気の抵抗力の比率が大き

くなって、あるていど以上速くなることができなくなるからです）

「スコラ哲学」と「スクール物理」の罪悪比較

さて、こういう二つの問題をやってから、さきの雨の問題をもういちど考えてもらいます。すると、はじめ「大粒の雨のほうが速い」といっていた人が百人中、二十〜三十人もいたのに、それが五〜六人にもへってしまうようになります。ネンド玉やピンポン玉の落下運動の実験で教育されたおかげで、雨粒の問題をまちがって考えるようになるのです。だれだって、きりさめやどしゃぶりの雨をなん十回となく経験しているというのに、その経験よりも、教わった知識をそのまま延長して考えるようになってしまうのです。

ですから、「今日の学校教育をうけている人びとも中世のスコラ学者とたいして変わることがない」といってよいのです。私たちはスコラ学者たちのばかさかげんを笑うことはできないのです。いや、それだけではありません。スクール物理を学んでいる私たちとスコラ学者とをくらべて、どちらがより権威主義的・優等生的かというと、それは現代の私たちのほうだといわなければならないかもしれないのです。

だって、そうでしょう。スコラ学者たちは、「アリストテレスが書いていることだから」というだけのことで、「重いものほど速く落ちる」と考えたわけではありません。スコラ学者たちは、自分自身で、木の葉が石よりもゆっくり落ちることや、大粒の雨がきりさめよりも速いことを経験していたのです。ですから、「アリストテレスのいうことは、自分たちの経験とぴったり合うから、正しいのだ」と考えることができたのです。木の葉や雨は自然に落ちてきます。けれども、大小二つの石やその他のものが同時に落ちてくるのをぐうぜん見る機会などありません。だから、スコラ学者たちが自分の経験をもとにしてアリストテレスを信用したのも無理《むり》からぬことといわなければなりません。

いっぽう、今日の私たちはどうでしょう。私たちだって木の葉が落ちたり、雨がふるのを見知っています。そして、きりは小さな水滴の集まりだということも知っています。そして、その小さなきり粒が空中に浮かんで落ちてこないことも見知っています。さらに、そのきり粒（雲の粒も同じ）が集まって大きな粒になったものが雨粒だということも知っていることでしょう。小さなきり粒が落ちてこないで、大きくなると落ちてくるのですから、大きい粒ほど速く落ちるということも考えられるわけです。ですから、私たちだって、日常的な経験から、「重いもののほうが速く落ちる」ということを知っていることになるのです。

ところが、学校では、一見、その反対の事実を教わります。そのとき、みんなはどうするのでしょう。ある人たちは、自分の経験からわりだしたことと学校で教わったことをつきあわせて、疑問に思うことでしょう。「ぼくにはどうしても重いもののほうが速く落ちるように思えてしかたがない」ということになって、こまるはずです。

そんなとき、いい先生がいれば、「真空中と空気中とではちがう」ということを親切に教えてくれるかもしれません。そうすれば、すべてのことが解決されるはずです。

しかし、大部分の人は、そういう疑問をだす元気もなくて、自分自身の経験事実そのものを抹殺《まっさつ》しようとしてしまうのです。「よけいなことを考えると、学校の勉強がわからなくなる」からです。そうして、すこしでも優等生になろうと努《つと》めるのです。

ほんとうは、子どもからそういう疑問をなげかけられるまえに、教科書や先生のほうでそういう疑問の生じることを予想して対処《たいしょ》しなければならないのですが、そういう細心の配慮をした教科書や参考書はほとんどないのが現状なのです。いや、物理の先生だって、雨粒の速さの問題にすぐに正しく答えられるとはいえないのです。

結局のところ、現代の学校の生徒たちは、自分自身の経験事実をもおしころして、学校で習ったことをおぼえこもうとします。それと、スコラ学者たちがアリストテレスを権威《けんい》としたこととをくらべてごらんなさい。私にはどうしても現代の人びとのほうがはるかにみじめに思えてならないのです。

それでも、かつては、日本でも受験競争がそれほどひどくはありませんでしたので、だれでも、自分の感情や経験事実まですてさって、学校で教わったことをおぼえこむ必要をそう感じないですみました。

しかし、最近はちがいます。じつにたくさんの人たちが、すこしでも優等生になろうとして、自分自身の考えをのばすことをやめ、知識のマル暗記をしようとするのです。これはおそろしいことです。自分が自分の主人公であることをやめることに通じています。私たちはなんとかそういう教育の仕組みをかえなくてはならないと思うのです。

ところで、ふつうの教科書の落下運動のところに雨の落下速度のことがでてこない一つの理由は、落下運動と雨とでは理科教育のなかでのなわばりがちがうからです。真空中での落下運動の問題は物理学のなかの力学で扱い、雨の問題は地学のなかの気象学のところで扱うことになっているのです。この例にかぎらず、学校というところはいやになわばり意識があるところなのです。先生は一人でも、教科書の筆者は専門家なので、やたらになわばりが問題になるのです。

けれども、小・中学校などで、ぜひ教えてほしいようなもっとも基礎的な科学の話題の場合には、そのようななわばりがあると、そこらじゅうが視野のせまいつまらない話になってしまうおそれがあります。おなじ一人の人間が学ぶことなのですから、教育内容を考える専門家どうしで協力して、展望の広い教材を準備すべきだと思うのです。

そのこともあって、私は、多くの人びとといっしょに、教育の総合雑誌『ひと』を創刊することになったのです。この本のなかでも、私は、物理・化学・数学・社会科学・哲学といったなわばりをいっさいとりはらって話をつづけていきたいと思います。

思わず、一般的な教育論を展開してしまいました。ここらで、また具体的な話題に転ずることにしましょう。

アブデラのデモクリトス
（前470年ごろ〜前380年ごろ）

デモクリトスは、レウキッポスやエピクロスとともに、古代ギリシアの原子論の創始者の一人として知られている。彼は、ギリシア人のつくった都市国家の一つ、アブデラに生まれた。父が亡くなると、その遺産《いさん》で世界旅行にでて、見聞を広め、自分の哲学をきずいたという。

彼の原子論は、人間の尊厳を説き、宗教的な考えを排するもので、支配者から目のかたきにされた。

古代ギリシアの原子論は、よく「空想的で科学的でない」などといわれるが、そんなことはない。彼らは、ものの見かけがいくら変化しても、その重さは変わらないことに目をつけて、原子論を唱えたのであろう。

ガリレオやニュートンなどの近代の科学者たちは、古代原子論的な考えをうけついで、近代科学をうちたてたのである。

第2話　興味（好奇心）がなければ認識できない――足はなん本？

第1話の雨の落下速度の問題は私たちにもう一つ重要なことを教えてくれます。それは、「雨のように、だれでも見なれているものでも、あんがい、だれも正確に認識していないものだ」ということです。

私たちは、いつも見なれているからといって、そのものを正しく認識しているとはいえないのです。それは物理学がとりあげるような題材についてだけいえることではありません。生物学がとりあげるようなことでも同じことがいえます。

問題のなげかけ方によって興味もわいてくる

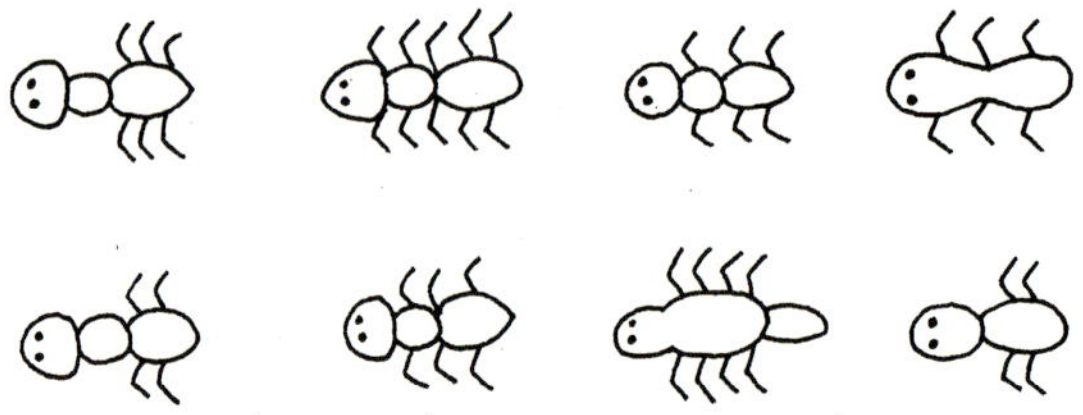

図1　みんなのかくアリの絵

たとえば、みなさんは、アリを見ないで、アリの絵を描くことができますか。なにも「うまい絵を描いてみてほしい」というのではないのです。アリの基本的な特徴——①足がなん本あって、②からだがいくつにくびれているか。そして、③足はそれぞれどの部分からでているか——ざっとこんなことがまちがいなく描ければよいのです。

「アリを見ないで、アリの絵を描いてみてほしい」、そういうと、小学生でもお母さんがたでも先生がたでも、たいてい当惑してざわつきます。そして、さも自信なさそうに絵を描いてくれます。

その結果を見ると、いまあげた三つの特徴を点検しただけでも、過半数は正しく描けていないことが確認できます。小学校二〜三年生や母親たちなら、三条件とも正答というのは一割に満たないのがふつうです。

日本中、アリのいないところはありません。だれでもアリを見て知っているのです。それなのに、アリの足がなん本かということもさだかに見ていないのがふつうなのです。雨粒《あまつぶ》の落ちる速さの場合とおなじことです。こういうことがらは、いちど自分たちがよく知らないことを確認してはじめて、よく注意してみるようになります。知らないことがわかって、はじめて関心をもつようになるからです。

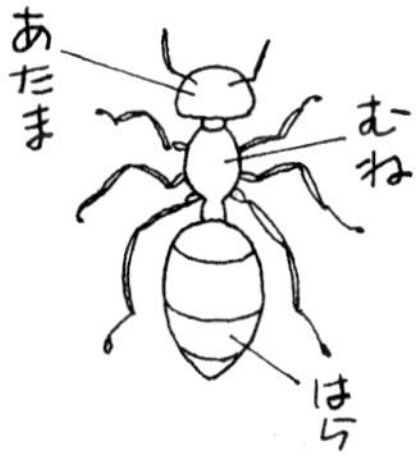

念《ねん》のために正解を書いておきましょう。足は六本、からだは頭・胸・腹の三つにはっきりわかれています。そして、六本の足は全部、まんなかの胸からでているのです。

アリの足だけではありません。「チョウやトンボの足はなん本あるでしょう」ときいても、正しく答えられない人がけっこういます。思わず「あれ、チョウにも足があるかしら」といった大学出の若い女性がいたのにはおどろきました。「だって、チョウだって、飛んでばかりいないで、とまることがあるでしょう?」というと、「そうか、やっぱり足があるのね。二本あるのかしら?」と答えてくれました。私もこれには「ずいぶん変わった人もいるものだ」と思ったものでしたが、べつの機会に、まったくおなじようにいう人に出会って、さらにおどろかされました。若い女性にとって、チョウが花にとまって蜜《みつ》をすうことなど関心の外にあったりするのでしょう。

ところが、そんなことをいう女性でも、あとになると、「そうね、昆虫は足が六本ですものね」などというのには、さらにおどろかされます。「昆虫の足は六本」という受験用の知識と、チョウやトンボやアリの足についての知識がばらばらになっているのです。

私は、なにも人びとがアリの絵を正しく描けないことを非難したり、女子大生がチョウやトンボの足の数を知らないといって批判したりしようなどとは思いません。そんなことはなにも知る必要がないともいえるのです。私は、ただここで、「私たち人間というものは、関心のないこと、興味のないことは、いつも近くで見聞していることでも、いっこうに知識として定着しないものだ」ということを指摘しておきたいのです。これは人間の人間らしいところだともいえるでしょう。

このあいだ、新聞紙上で、「大学生にニワトリの絵を描かせると、何割かの学生が四本足のニワトリを描く」という話題が報じられたことがありました。小さな虫でなくても、やはり関心のないことについては正しい知識は育たないのです。

私たち人間は、身近なことでも、興味のないことについては、いつまでたっても、たしかな知識をもてないでいるくせに、興味のあることだと、それがいくら身近にないことでも（大きすぎたり小さすぎたりして、直接、目でみることができないものでも）、正しく認識することができるようになります。

すぐれた科学者というのは、それまでほとんど興味の対象とならなかったことでも、問題のなげかけ方いかんによっては、とてもおもしろいことがあることを見いだして研究し、そのことをみんなに知らせた人たちだといってもよいでしょう。

たとえば、虫の足の数にしても、ばらばらにおぼえこむだけならまったくくだらないことですが、あらゆる動物の足の数について考えてみると、なかなかおもしろいことがみつかります。

あらゆる動物を背骨のあるなしで大きく二つにわけると、背骨のある大きな動物（脊椎《せきつい》動物）の足の数は、四本か、二本か、〇本かにきまっています。一本足や三本足の動物はもとより、六本足や八本足の脊椎《せきつい》動物もいないのです。

また、無脊椎《むせきつい》動物のうち、足のはっきりしている昆虫やカニやムカデなど節足《せっそく》動物についてみると、その足は、六本か、八本か、それ以上かにきまっています。二本足の虫だっていてもよさそうなのに、そんな虫はただの一種類もいないのです。

地球上には、動物がぜんぶで約百万種類もいて、節足動物と脊椎動物とがその八割以上を占めているというのに、それらの動物の足の数には、ある規則性がはっきりとみとめられるのです。これは不思議なことといえないでしょうか。これが偶然なことと考えられるでしょうか。これは、これらの動物がそれぞれおなじ系列で進化してきたということを想像するいい手がかりにならないでしょうか。

そこで、私たちは動物の足の数を主題にしたたのしい教材を開発してきました。仮説実験授業の授業書《足はなんぼん?》です。動物の足の数だって、問題の角度をかえれば、けっこう興味深い話題となりえるはずのものなのです。科学を自分のものとしようと思ったら、自分や子どものなかにそういう興味ある話題を見つけることがたいせつです。

もっとも、そういう興味ある話題は自分一人でかんたんに見つけだせるものではありません。そういうテーマを自分で見つけられるようになったら、それはもうすでに一人まえの科学者になったといってよいでしょう。それまでは、すぐれた科学者たちがどのようにして興味ある研究テーマを見つけだしてきたか、それを勉強するのがいちばんよいでしょう。私たちは、やはり、先人《せんじん》の仕事を学ぶことによって、はじめてその上に新しいものをきずきあげることができるのです。

科学における実験と観察

「私たちは、ふだん見なれているものでも、よく知っているとはいえない」——これまで、こんなことを、雨のふる速さやアリの絵を描く問題を例として説明してきました。「アリの足はなん本あるのだろう？」とか「大粒の雨と霧雨《きりさめ》とではどちらが速くおちてくるのだろう？」とかと意識的に予想をたててしらべてみることによって、はじめて正しい自信のもてる知識をえることができるようになるわけです。

科学でいう観察とか実験とかいうのは、ただ「よく見る」とか「やってみる」とかいう行為をさしているものではありません。「こうかな、ああかな」とか「こうなるだろうか、ああなるだろうか」とかと予想をたてて、その予想があっているかどうか「実際に験《ため》す」とか「よく観《み》て察《さっ》する」とかいうのが科学上の実験・観察というものです。

「そんなことはあたりまえで、ことさらいうまでもないことだろう」という人があるかもしれません。たしかに、これはあたりまえなことでしょう。しかし、このあたりまえなことを念頭《ねんとう》において、これまで学校でやられてきた実験とか観察とかいうものを思いなおしてみると、その大部分は実験とも観察ともいえないものであることがわかります。

よく学校で、ウサギや金魚を目の前において、「ようく観察しなさい」などといっている先生を見うけます。ところが、子どものほうは、「かわいいな」「きれいだな」とは思っても、それ以上のことは観察できないのがふつうです。それでも、「ようく観察しなさい」「なにがわかりましたか」といわれるものですから、子どもたちはこまってしまいます。

こんなときでも、子どもたちに「ウサギや金魚の実物や絵を見ないで絵を描いてみてごらん」といって絵を描かせてから実物や絵を見せると、見る視点がはっきりしてたのしい授業になってきます。それで、さらに二〜三の目のつけどころをきめて、「ウサギの足はまえ足とうしろ足とではどちらが長いかな?」とか「金魚の胴には、どんなところに、なん枚のひれがついているだろう?」とかいえば、活発な議論もおこってきて、いいかげんな観察では気のつかないところまでわかってきます。

たとえば、金魚には胸びれと腹びれとがありますが、ふつうの見方では、胸びれ二つ（一対《いっつい》）、腹びれ一つ（中央）のように見えます。けれども、腹びれも左右に一つずつ一対あることもわかるでしょう。魚類には、一般に胸びれと腹びれとがそれぞれ一対ずつあって、これが陸上にあがった動物の四本の足のもとになったといってもよいのです。

ところで、実験や観察について、たいていの人はまちがった考えを教えこまれています。「実験や観察をするときには、心を無にして、ものごとをありのままにくわしく見なければいけない」という考え方です。

もちろん、このようなことがいわれるのには、理由がないわけではありません。私たちは、自分の先入観のために、しばしばとんでもない見誤りをおかすことがあるからです。幽霊《ゆうれい》の存在を頭にえがく人は、暗いところでゆれ動くススキを見ただけで幽霊と見誤ったりします。そんなことがないように、「先入観にとらわれずに、白紙の状態で対象にのぞむことがたいせつだ」というわけです。

しかし、私たちは心を白紙にしてものを観察することはできません。なにかを見ようと意識して、はじめてそのものを正確にとらえることができるようになるのです。自分の先入観にとらわれない、客観的《きゃっかんてき》なものの見方ができるようにするためには、心を白紙にするのではなく、ほかのいろいろな考え方をする人びとのことも考慮《こうりょ》して、多面的に見るよりほかにないのです。

よく、「ありのままに見れば、これこれの考えが正しいことがすぐにわかるではないか」などということがいわれたりしますが、それは、その論者と「おなじ立場にたって見れば」ということを意味していることが多いものです。「ありのままに見れば」という人は、無意識的にせよ、そのきき手が自分とおなじ立場だけから見るように要求していることが多いので、そんな話には不用意にまきこまれないように注意する必要があります。

一九七四年前半におこった「スプーン曲げの超能力事件」でもそうでした。これが精神力や念力《ねんりき》で曲がるんだといった人たちは、「疑いの目で見られたら精神力が集中しない」とかなんとかいって、見る人の心を白紙にさせて、つまり、スプーンが念力で曲がることがありうるという気持ちにさせておいて、まんまとトリックにひっかけていたのです。

ところで、理科教育などで、「観察力」などということがよく問題になることがありますが、この観察力というのは、もちろん視力できまるものではなくて、好奇心によってきまるものです。その好奇心というのはまた、その対象にたいする関心の強さによってきまります。そこで、いろいろな対象について、あらかじめ心のなかにさまざまな問題・疑問をもっている人が、〈その対象について好奇心が強く、観察力もするどい〉ということになるのです。

それでは、どのようにすればいろいろな対象について興味・関心をもつようになるのかというと、それは、それらの対象について、いろんな考え方がありうるということを知ることにあるといってもよいでしょう。だから、ふだんから、いろんなことについてあれやこれや想像をこらしたり、いろんな人の想像をきいたりしていると、関心が高まってきます。

はじめは関心がなかったことでも、その対象についていろんなことをいう人がまわりにいると、それにつられて関心をもつようにもなってきます。ですから、好奇心を育てるには、いい友だちや先輩をもつことがたいせつだということになりますし、先生やおとなの指導がたいせつになってきます。よく、「あの子は好奇心がない」などという人がいますが、それはその人の指導がよくないことをも反映していることに注意する必要があるでしょう。

好奇心はどのようなときにおこるか

好奇心というと、すぐに思い起こされるのは、「なぜ」「どうして」という疑問・質問です。昔から〈なんでも「なぜ?」「どうしてなの?」ときく子ども〉は、「好奇心があって、末《すえ》たのもしい子だ」といわれてきました。〈科学は、人類が自然について「なぜ」「どうして」という疑問をもったことがもとになって生まれたのだ〉ともいわれてきました。

それでは、「なぜ」「どうして」という疑問はどのようにして生ずるようになるのでしょうか。ふつう、「なぜ」「どうして」という疑問をもつのは、目新しい現象にぶつかったときです。はじめてテレビというものを見た人は、「なぜ、テレビには絵が映るの?」と疑問を発します。飛行機や人工衛星がとぶのをはじめて知った人も、「飛行機はどうしてとぶことができるのか」「なぜ、人工衛星はいつまでも地球のまわりをとびつづけるのか」と疑問をもちます。おとなでも子どもでも、とくに好奇心が強いといわれない人でもおなじです。

しかし、やがて、その目新しい現象も、なん度もくりかえされるうちに目新しくなくなり、あたりまえなことになってしまいます。その現象にまったくなれてしまうと、私たちは、もはや「なぜ」「どうして」という疑問をもたなくなってしまいます。

いまの子どもたちは、生まれたときからテレビがあるので、とくべつな事情がないと、「テレビにはどうして絵が映るの？」などという疑問をもちません。ところが、なにかの事故があって、テレビがつかなくなると、「どうして映らないの？」という疑問を発します。「なぜ映るか」ではなく、「なぜ映らないか」が問題になるのです。映るのがあたりまえになっているので、映らないことが問題になるというわけです。

いまの新聞も「飛行機はなぜおちるか」を問題にしても、飛行機はなぜとぶことができるのかは話題にしないのが当たり前になっています。「なぜ」「どうして」という疑問が生ずるかどうかは、〈その現象が私たちにとってどれだけ当たり前なものになっているかどうかによってきまる〉といえるでしょう。水道もない未開発国の人は、はじめて水道を見ると、びっくりして蛇口《じゃぐち》のところをのぞきこんだりするそうです。家のなかで栓《せん》をひねっただけで水がでるのを不思議がるのです。私たちの子どもたちは、それとは反対に、「水道は、栓をひねれば水がでるのがあたりまえ」と思いこんでいるので、水がでないと、蛇口をのぞきこんだりします。〈なにがあたりまえか〉でちがうのです。

学校で教わった科学などにはまるで興味をもてなかったひとでも、「精神力・念力でスプーンを曲げることができる超能力者がいる」などというと、おおいに興味をかきたてられたりするのです。

おなじ社会に住んでいても、新しくその社会に仲間いりする子どもたちは、その見聞をひろげるにつれて、いたるところで「なぜ」「どうして」という疑問を発します。よく「子どもは好奇心のかたまりみたいなものだ」などといわれますが、子どもたちにとって見るもの聞くものがみな目新しいことでありうるので、「なぜ」「どうして」と疑問を発しつつ、それを同化していくのです。

こうして、いろいろなことについて「なぜ」「どうして」という疑問をもつと、ふつうには気のつかない背後にあることがらにも注意がむくようになります。そして、それが新しい知見を生みだすもとになります。

ところで、「なぜ」「どうして」という疑問は、そのままではかならずしも科学につながるものとはなりません。そのような疑問は、たいていの場合、権威《けんい》ある人たちの説明が与えられると、それで満足してしまうのがふつうだからです。いや、おとなたちは子どもたちに、〈それだけの説明で満足するように要求している〉といったほうがよいかもしれません。子どもがそれ以上のことを要求すると、「しつこい」といわれてきらわれるので、子どもも、ひととおりの説明をきくと、それで満足してしまうようになるのでしょう。

また、そういった説明がまったく与えられなくても、その現象そのものがしばしばくりかえされると、なれっこになってしまい、「なぜだろう」という疑問も忘れられてしまうのがふつうです。

ですから、子どもたちが「なぜ」「どうして」としつこく聞いてきたとき、たとえちゃんと答えることができなくても、「しつこい」などと叱《しか》ってはならないでしょう。そんなときには、「そうね、おもしろいことを考えたわね」「それで、あなたはどう思うの？」と聞きかえして、自分で考えさせ、疑問は疑問として心のなかに保留《ほりゅう》させておくようにすればよいのです。

また、たくさんの目新しい現象に早くから親しませてしまうということも考えものだ、ということになります。

なぜなら、「なぜ」「どうして」という疑問は、いままで知らなかったことまで想像して、それをたしかめずにはいられなくなったとき、はじめて科学的探求心と結びつくようになるからです。「なぜ」「どうして」と疑問に思っても、ひととおりの説明をきいて、それで満足してしまうのでは、科学へと発展しません。

科学は、目新しいことを解釈し説明するためにあるのではなく、未知のことを発見するためにあるのです。いくら目新しいことでも、しばらくすると不思議でもなんでもなくなるので、それが目新しく思えるうちに、それから出発して、いろいろなことに想像の翼《つばさ》をひろげるように指導する——それが科学の眼を育てるかなめになるといってもよいでしょう。

一つの例を中心に考えることにしましょう。

砂のなかに砂鉄があることの不思議さ

たいていの人は、磁石を砂のなかにいれると、砂鉄がすいつくということを知っています。考えてみると、これはたいへん不思議なことなのですが、たいていの人はそれを不思議なことも思っていないようです。「砂のなかには砂鉄があるのだから、当たり前だ」というわけです。

しかし、その砂鉄はどうして砂のなかにあるのでしょうか。どこの砂のなかにも砂鉄があるのでしょうか。たいていの人は、こういう疑問をもつまもなく、磁石による砂鉄集めになれ親《した》しんでしまうようです。

たいていの人は、はじめから「砂のなかには砂鉄というものがあるから、磁石をいれてごらん」と教わるので、さして不思議さを感じないままに磁石による砂鉄集めに親しんでしまうのでしょう。親しんでしまうから、不思議さも疑問も感じなくなってしまうのです。

しかし、おなじ砂鉄集めでも「石のなかにも磁石にすいつくものがあるだろうか」という問題について予想をたててからやると、だいぶ事情が変わってきます。「石なんか磁石にすいつくものか」という考えがある反面、「鉄の原料になる鉱石だってあるし、ぴかぴか光った鉱石もあるのだから、なかには磁石にすいつくものがあるかもしれない」などとも考えます。

事実を知ってしまう前に予想をたてると、いろんなことを想像することになって、考えの視野がひろがるのです。そして、大きな岩石がこわれてできた砂に磁石をいれてみると、みごとに磁石につく砂――砂鉄が発見されるというわけです。

こう考えていくと、どうして砂のなかに磁石にすいつくような砂鉄がまじっているのか、その理由を想像したくもなってきます。だれかが鉄をやすりにかけて鉄粉をつくって、まぜたのでしょうか。それとも、この砂鉄は、この地球をつくる鉄をふくむ岩石がこわれて砂のなかにまじることになったのでしょうか。

砂鉄というと、たいていの人は「砂のような鉄」だと思っています。「鉄だから磁石にすいつくのはあたりまえだ」というわけです。しかし、「砂鉄が鉄だとしたら、どうしてさびないのだろうか」と考えをすすめたら、どうでしょう。釘などのように鉄でできたものは砂のなかにしばらくほうっておいただけでまっ赤《か》にさびてしまうのに、砂鉄が赤くさびたという話はききません。そこで、砂鉄を鉄だと考えるのはまちがっているということがわかってきます。

砂鉄は、「鉄の原料になる砂」「鉄のように磁石にすいつく砂」ではあっても、「砂のような鉄」、つまり、鉄粉《てっぷん》ではないのです。砂鉄は鉄の酸化物《さんかぶつ》、つまり、鉄の黒さびの一種なのです。「鉄の酸化物（黒さび）だって、鉄には変わりないだろう。だから、磁石につくのだ」などという人がいるかもしれませんが、そんなことはありません。

一般に、金属は電気をよくとおしますが、〈金属〉の酸化物は電気の不良導体《ふりょうどうたい》です。そこで、鉄にかぎらず、金属の酸化物は金属とはいわないのです。鉄の酸化物は鉄を含んでいるからといって、磁石にすいつくとはきまっていません。赤さびはまったく磁石にすいつかないのです。

砂鉄は、磁石にすいつく特別な酸化鉄なのですが、電気の不良導体で、金属ではないのです。フェライト磁石という、円板、その他のいろいろな形をした黒くて強い磁石がありますが、あの磁石は電気をよくとおしません。フェライトは、金属ではなく、金属（鉄）の酸化物だからです。

砂鉄は、金属の鉄そのもの、一種の鉄ではなくて、「鉄のように磁石にすいつく砂」、つまり、一種の砂だとすると、そういう砂がどこからきたか、いろいろ想像してみたくなります。砂鉄の鉱物名《こうぶつめい》は「磁鉄鉱《じてっこう》」といいますが、磁鉄鉱の大きなかたまりはそこらじゅうにあるというわけではありません。とすると、いろいろな岩石のなかに磁鉄鉱の小さい粒、つまり、砂鉄が含まれていて、その岩石がこわれて、そのなかから砂鉄ができたと考えるよりほかありません。

ところで、磁鉄鉱――つまり砂鉄は、磁石にすいつくだけではなく、それ自身が磁石です。ですから、岩石に含《ふく》まれている砂鉄にもN極《えぬきょく》、S極《えすきょく》という極があります。

そこで、この磁石の極は、〈その砂鉄を含む岩石が冷え固まったときの地球の磁力（地磁気《ちじき》）の方向をむいていた〉と考えることができます。とすると、その岩石の磁気をしらべれば、大昔の地球の磁力がどのようになっていたかとか、その岩石がどのように移動したかとかいうこともわかってくるようになります。最近、ふたたび脚光をあびるようになった大陸移動説は、そういう岩石の磁気の研究をもとにしてできあがっているのです。

「砂のなかにも磁石にすいつくもの（砂鉄）がある」ということの発見は、ざっとこんな話題をよびおこすような想像をかきたてうるもののはずです。それとくらべると、私たちは、じつに無感動に磁石を砂のなかにつっこんで、砂鉄集めをやってきたことにならないでしょうか。

「なぜ」が「なぜ」をよびおこし、想像が想像をよびおこし、一つの予想がさらに新しいもう一つの予想をよびおこすというようにして、これまで、想像もしなかった新しい視野を開く、これが科学の思考法というものなのです。

シュラクサイのアルキメデス
（前287年ごろ～前221年ごろ）

イタリア半島の西南にシチリア島という日本の九州ほどの島がある。むかし、この島にシュラクサイという都市国家があった。アルキメデスはその国王ヒエロンの親しい友人であったという。

あるとき彼は、「細工師《さいくし》に作らせた金の王冠にまぜものがしてないかどうか、王冠をこわさずに調べる方法はないか」と国王に相談をもちかけられた。彼は、この問題を考えながら大衆浴場にはいったとたん、その解法に気づき、「わかった《エウレカ》」と叫んで、裸のままとび帰ったという話がいちばん有名。

「てこの原理」「浮力の原理」「円柱や球の体積の法則」など、じつにたくさんの法則や原理を一人で発見（あるいは確立）したので、ふつう、古代最大の科学者といわれる。

第3話　新発見のための条件――石は磁石にすいつくか

話が砂鉄のことにおよんだついでに、ここで、磁石と石のことに話題をひろげさせていただくことにしましょう。じつは最近、私は、この磁石と石のことでちょっとした発見の連続に胸をおどらせたので、その話をぜひ書いておきたいのです。

私がとくに興奮をおさえきれなかったのは、一つには、その一連の発見が多くの人びとの常識をひっくりかえすような「大発見」であって、科学教育の新しい領域をきりひらく可能性があると思われたからですが、もう一つには、その発見のされ方にまったく感心させられてしまったからです。

その発見の主役は私自身ではありません。私はその一連の発見をするのにもっともよい条件下にあったにもかかわらず、大部分の発見はみんな私以外のまわりの人びとにしてやられたという格好なのです。そこで、とりわけ、私にはその発見のされ方が印象にのこらざるをえないのです。

話を具体的にしましょう。その最初の発見者は、東京・練馬で学習塾と文庫と科学教室をやっていた名倉弘《なくらひろし》さんです。名倉さんは、私と共著の『科学の本の読み方すすめ方』（仮説社）に「子どもとおとなをゆさぶる本」（初出『ひと』一九七三年十一月号）という文章を書かれていますが、じつは、その発見の要点もその文章のなかにでてきます。ここでは、その文章や前の話とすこし重複することにもなりますが、話の都合上、最初からはじめさせていただきます。

やってみなければわからない

発見の発端は、私の書いた『（いたずらはかせの科学の本）ふしぎな石―じしゃく』（国土社、一九七〇年初版）という本にあります。この本では、まずはじめに、「いろいろな金属のうち、どれが磁石にすいつくか予想をたててから実験する」ことになっています。問題の形にしておきますから、みなさんも予想をたててみてください。

〔問題1〕

いま使われている一円玉や五円玉、十円玉、五十円玉、百円玉は磁石にすいつくでしょうか。すいつくと思うものには○、すいつかないと思うものには×、まったく予想もつかないものには△をつけてください。

	予想	実験の結果
一円玉（アルミニウム貨）	（　）	（　）
五円玉（しんちゅう貨）	（　）	（　）
十円玉（せいどう貨）	（　）	（　）
五十円玉（はくどう貨）	（　）	（　）
百円玉（はくどう貨）	（　）	（　）

さあ、どうでしょうか。

一円玉はアルミニウムでできています。五円玉は黄銅《おうどう》、あるいは真鍮《しんちゅう》といって、銅（六〇～

七〇パーセント）と亜鉛《あえん》（三〇〜四〇パーセント）の合金でできています。十円玉は青銅《せいどう》（銅九五パーセント、亜鉛三〜四パーセント、スズ一〜二パーセント）でできています。また、五十円玉と百円玉とは白銅、つまり、銅七五パーセント、ニッケル二五パーセントの合金でできています。一九六五年ころまで使われていた五十円玉はいまより大きいものでしたが、その五十円玉は純ニッケルでできていました。また、一九七〇年ころまで使われていた百円玉（稲穂《いなほ》の模様がある）は銀（六〇パーセント）、銅（三〇パーセント）、亜鉛（一〇パーセント）の合金で、ふつう銀貨とよばれています。こういうふるい硬貨もあれば、それについても予想をたてて実験してみるのもよいのですが、さて、どうでしょうか。

じつのところ、私は、こんな問題ならおとな――すくなくとも小学校の先生がたならだれでもできるものと思っていました。ところが、一九七三年夏に私たちが主催した「ひと塾」という集まりに参加した小学校の先生がたにこの問題をだしたところ、ずいぶんできの悪いのにおどろきました。全問正答という人はほとんどいないのです。たいていの人は、「一円玉や五円玉は磁石にすいつかない」といいます。そして、百円玉や五十円玉は磁石にすいつくものと予想します。しかし、実験してみると、――一円玉も五円玉も十円玉も、五十円玉も百円玉も全部すいつかないのです。むかしの硬貨《こうか》をいれれば、ニッケル製の五十円玉は磁石にすいつきますが、百円銀貨は磁石にすいつきません。

こういう知識は、小学校三年生ぐらいの子どもたちのほうが先生がたよりずっとよく知っているようです。「ちょっとやってみればわかるような常識的な事実でも、いちどもやってみたことがない人には、やっぱりなかなか正しく予想できないものだなあ」と思い知らされたしだいです。

私は、以前読んだ、ある中学一年生の感想文のことを思いだしました。それは、この実験を教わったあとに書かれたものなのですが、「百円玉が磁石にすいつかないなんてなさけない」と書かれていたのです。それまで「百円玉ぐらいは磁石につくだろう」と思っていたのに、それもつかないとなれば、なんとなく「なさけない」ような感じがするのも無理《むり》もありません。

それでは、つぎの問題にすすみましょう。

〔問題2〕

スチールウール（台所で鍋底《なべぞこ》をみがいたりするのに使う）は磁石にすいつくでしょうか。

また、ステンレスのスプーンやフォークは磁石にすいつくでしょうか。予想をたててから実験してみましょう。

さて、どうでしょう。

スチールウールは、スチール（はがね）とはいうものの、綿のようにやわらかい針金です。なにかたよりなくて鉄のように見えないかもしれませんが、これでもりっぱに鉄です。だから、ちゃんと磁石につきます。

つぎはステンレスです。ステンレスでつくったスプーンがあったら、磁石にすいつくかどうかやってみてください。磁石はどんなものでもいいでしょう。スチール家具用の丸い化粧磁石でやってもよいのです。

どうですか。——じつは、この答えは一つにきまらないのです。たいていのステンレス製スプーンは磁石にすいつきますが、とくに上等で、とくにさびつかないステンレス鋼《こう》はほとんど磁石にすいつかないのです。

上等なステンレス鋼でつくったスプーンやフォークには、よく注意してみると、たいてい〈18

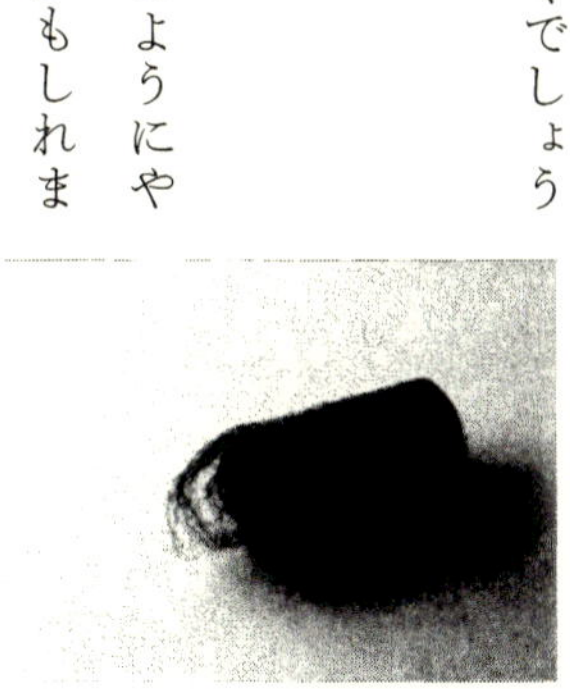

―8〉という記号がはいっています。ステンレスというのは鉄とクロムとニッケルの三種の金属の合金なのですがこの〈18―8〉という記号は、クロームが一八パーセントで、ニッケルが八パーセント（のこりの七四パーセントが鉄）のステンレス鋼ということを表わす数字です。その「じゅうはち、はちステンレス」でできたスプーンは磁石にすいつかないのです。

　ふつう、学校でだす問題は一つの問題にたいする答えが一つにきまっています。しかし、実際に社会ででくわす問題では、問題にもっとくわしい条件をつけないと、答えが一つにきまらないことがまれではありません。このステンレスの問題などは、「つく」といっても、「つかない」といっても、どちらも正答でありうるし、誤答《ごとう》でもありうるわけで、しいていえば、「つくかどうかわからない」というのがほんとの正答ともいいうるのです。

　小学校あたりでこういう問題をだすと、子どもから「先生のいじわる！」といわれたりしますが、それは、〈これまでの学校の問題が、いつも「一問題―一正答」ということにきまっていて、しかも、「わからない」が正答などということはない〉と約束されていたからだといえるでしょう。

　そんなへんな約束ごとばかりしていると、実際の社会ででくわすいろいろな問題にたいする解決能力が失われてしまいます。ですから、ときには、こういう問題をだしてやって、子どもの頭をやわらかくしてやることがたいせつだと思うのですが、どうでしょうか。

こんどは、石です

さて、私の本では、ステンレスの話のあと、「こんどは、石です。石のなかにもすいつくものがあるでしょうか」と問いかけられています。まえに書いたように、好奇心をかきたてるための手法を使ったのです。

「みなさん、どうでしょう。石のなかにも磁石にすいつく石があるでしょうか」――こういうと、だれだって、「石なんて磁石にくっつかないにきまっているよ」と答えます。私もそう思いました。「そこいらにおちている石っころなんかなら、磁石にすいつかないにきまっている。けれども、石といったっていろいろあって、磁鉄鉱とか砂鉄などというものは、これは磁石にすいつくんだ」ということに注意をむけたかったのです。

そのため、私は、まず、「ほら、石にもこんなにいろんな種類の石があるんですよ」といって、鉱物標本箱《こうぶつひょうほんばこ》にはいっているような鉱物や岩石——方解石《ほうかいせき》・水晶《すいしょう》・黄銅鉱《おうどうこう》・方鉛鉱《ほうえんこう》・磁鉄鉱《じてっこう》・花崗岩《かこうがん》など——を並べたてました。

こうしてならべられれば、「磁鉄鉱は磁石にすいつくにちがいない」という予想もでてきます。しかし、ふつうの家にはそんな鉱物標本なんかありませんから、実験できません。

そこで、私は、みんなのまわりにある小さな小さな石——砂のなかのいろんな砂粒——に目をむけさせることにしました。砂粒はいろんな岩石がちいさくわれたものがいっぱい集まったものだから、もしかするとこのなかにも磁石にすいつくものがあるかもしれないというわけです。

砂粒のなかにまじっている砂鉄、これが磁石にすいつくことは、おとなならたいてい知っています。そこで、話をさきにすすめることにして、つぎの問題を考えていただくことにしました。

〔問題3〕

砂鉄はどのようにしてできたのだと思いますか。

予想

ア．鉄工所や工場などで鉄をけずったり切ったりしたときにでる細かい鉄くずが砂にまじった。

イ．鉄をつくる原料になる鉱石（磁鉄鉱）のかたまりが、自然の力でこわれて細かくなって砂にまじった。

ウ．砂鉄はもともと地球をつくっているごくふつうの岩石のなかにはいっていたので、その岩石が自然の力でこわされて細かくなったとき、でてきて砂のなかにまじった。

エ．地球の外からふってくる砂つぶのように、小さい隕石《いんせき》（隕鉄《いんてつ》）が砂のなかにまじったものが砂鉄である。

オ．そのほかの考え。

この問題の答えはすでに書いてしまいましたが、私は、子どものころ、アのように思っていました。もっとも、こんな考えはほかの人には思いつきにくいかもしれません。けれども、私の父は職人で、家の仕事場で、いつも金属をのこぎりで切ったり、やすりでけずったりしていたものですから、そんなことを思いついたというわけです。しかし、そのうちに、どこにある砂場でも砂鉄がとれることからして、この考えはあやしくなってきました。

そこで、中学生のころは、いつのまにやら、エの隕鉄《いんてつ》説が正しいのではないかと思うようになっていました。ふつうの鉄粉だったらすぐに赤くさびてしまうだろうが、隕鉄ならそんなことはなさそうだと思ったこともあったようです。どこかできいた話を誤解して、空からは砂粒のように小さい隕鉄が数かぎりなくふってくると思っていたからでもあります。

その後、おとなになってから、私はイの考えが正しいと思うようになりました。砂鉄は砂粒のように小さい磁鉄鉱のかけらだときいたからです。

ところが、すこし考えてみると、この考えにはだいぶおかしなところがあります。それは、どこの砂にも砂鉄がはいっていることです。もしも、砂のなかの砂鉄は大きな磁鉄鉱が小さくこわれてできたものとすると、それらの砂鉄――つまり、砂のとれる海や川の近くや上流では、どこでも磁鉄鉱が掘りだされてもいいことになります。けれども、どうもそんなことはありそうもないからです。どこの砂にも砂鉄がはいっていることは、砂鉄集めのことを書く本の著者が、砂鉄のはいっている砂のとれる地方とそうでない地方とを区別していないことでもわかります。こうなると、どうもウが正しいということになりそうです。しかし、私が学校で教わった教科書には、ありふれたふつうの岩石のなかに磁鉄鉱がまじっていることなど書いてあった記憶などありません。花崗岩《かこうがん》は石英《せきえい》・長石《ちょうせき》・雲母《うんも》の三種類の鉱物からできているといった知識が私の岩石についての唯一《ゆいいつ》の知識といってよかったからです。

しかし、それでも、私は、事典などでしらべて、砂鉄は玄武岩《げんぶがん》や安山岩《あんざんがん》、花崗岩《かこうがん》など、ごくありふれた岩石のなかからでてきたものだということをつきとめることができました。そして、やっと、『ふしぎな石――じしゃく』という本を書くことができたのです。

名倉さんたちの新発見

ところが、この本を親子読書会でとりあげることになった名倉さんは、この本を読んで、著者の私自身さえ考えもしなかったことを読みとってしまいました。それは、この本を読んだら、当然「ふつうの石のなかに磁石にすいつくものがあるかどうかを実際にたしかめてみるべきだ」と考えられたのです。

たしかに、私は、この本のなかで、「石のなかにも磁石にすいつくものがあるか」という問題提起《ていき》をしました。それは石の仲間である磁鉄鉱や砂鉄が磁石にすいつくことを知っていたからです。しかし、私はそのほかの石についてかたっぱしから実験してみようなどとは思いませんでした。それ以外のふつうの石は磁石になんかすいつかないにきまっていると思っていたからです。にもかかわらず、名倉さんはそこまで実験することを考えついたのです。

名倉さんの問題はつぎのように書くことができます。

〔問題4〕

製鉄の原料になる鉄鉱石のような、とくべつな岩石をべつにして、ごくふつうの石——たとえば、花崗岩《かこうがん》、石灰岩《せっかいがん》、安山岩《あんざんがん》、玄武岩《げんぶがん》などがこわれたふつうの石っころ——のなかにも磁石にすいつくものがあると思いますか。

予想

ア．すいつかないにきまっている。

イ．たまにはすいつくものもあるかもしれない。

さて、どうでしょう。

大部分の読者のかたがたは、私と同じように、こんなことはあらためて問題にするまでもなく、アにきまっていると思われることでしょう。――ところがです。名倉さんは強力磁石を使うと、アズキ大の玄武岩《げんぶがん》や安山岩《あんざんがん》、花崗岩《かこうがん》などをすいつけてしまうということを確認してしまったのです。名倉さんは、いわば私の本を深く読みすぎて、著者も知らない新しいことを発見されたのです。

そのことをきいたとき、私はすぐに「あっ、そうか」と思いました。玄武岩や安山岩、花崗岩のなかには小さな小さな磁鉄鉱――つまり、砂鉄のもとがけっこうたくさん含まれているというのですから、その小さなかけらが磁石にすいついたって、そんなに不思議なことではありません。

しかし、その一方で、私はすぐにはその結果を信用することができませんでした。アズキ粒大の玄武岩がすいついたっていうけれど、それはとくべつに磁鉄鉱の含有量が多かったので、どの玄武岩でもすいつくとは思えなかったからです。そこで、自分でも手もとにあった玄武岩の標本を小さく割って磁石を近づけてみました。そしたら、やっぱりすいつくではありませんか。

この発見は、私にはすばらしい大発見に思われました。こういう実験ができるなら、砂鉄が玄武岩や花崗岩のような岩石のなかからでてきたという知識を、たんなる話としてではなく、実験的に子どもたちやおとなたちに提供できるようになるからです。それまで私は「砂鉄がふつうの岩石のなかからでてきたことを実験的に教えるには、山から風化《ふうか》した岩石のかけらをとってきて、それを粉末《ふんまつ》にして、そのなかに砂鉄が含まれているかどうか磁石でしらべればいいだろう」などと考えていたのですが、それよりずっとかんたんな実験ですむことになったのです。

もっとも、鉱物標本のなかから玄武岩や安山岩の標本をとりだしてきたのでは、「そこらにある石っころのなかにも砂鉄のもとが含まれている」ということを教えるのにはいささか強引です。

そこで、それからというもの、私は、アズキ粒大の砂利を見ると、そこに磁石をいれてかきまわしてみました。すると、ときたま磁石にすいつく石があることが確認できました。そういう石を手にとってみると、磁鉄鉱《じてっこう》のようにまっ黒ということはなく、「そこらにある石」という感じがします。

私は、名倉さんの発見をいくどかくりかえしてから、その結果をなん人もの人に吹聴《ふいちょう》しました。「この石はごくふつうの石ですね。これに強力磁石を近づけたらすいつくと思いますか」ときくと、たいていの人は「どうしてそんなばかなことをきくのだろう。でも、もしかするとすいつくかしら」と疑いつつも、「すいつかないにきまっているでしょ」と答えます。そこで、強力磁石ですいつけてみせると、みんな感心してしまいます。

この実験は、結果がだれにとってもまったく予想外のことでびっくりするので、見せがいがあります。なかには「この石に鉄かなにかまぶしてあるのですか」ときいて、この実験を手品の一種としてとらえようとした人がなん人もいました。

こうして実験を見せた人のなかに、梶田《かじた》叡一《えいいち》さんという人がいました。当時勤めていた国立教育研究所（現国立教育政策研究所）内の友人で心理学を専攻していた人ですが、梶田さんは、この実験に興味をもって、「うちの小さな子といっしょに遊びたいので」といって私のところから強力磁石をもっていきました。そして、その一、二日のち、梶田さんは、「まるっこいこんなに大きな石も」といって、指で径《けい》三～五センチメートルの大きさを示しながら、「磁石にすいつきましたよ」というのです。「ほんとうですか⁉」と私は問い返しましたが、どうしても信用できません。すると、まもなく梶田さんはその石をもってきてくれました。しかも、一つでなく三つもです。うすべったいが、径三〜五センチメートルもある黒くてつるつるした石——私たちが、子どものころ、油石とよんでいた石とおなじものでしょう——がたしかに磁石にすいつくのです。私はまたもやさきをだしぬかれた感じでした。

私は、名倉さんの発見をもとにして、アズキ大の小さな石しかすいつきっこないと考えて、そんな石ばかりをねらいました。ところが、梶田さんは、小さなお子さんといっしょにかたっぱしからいろんな石に磁石を近づけてみて、この発見をしたのです。

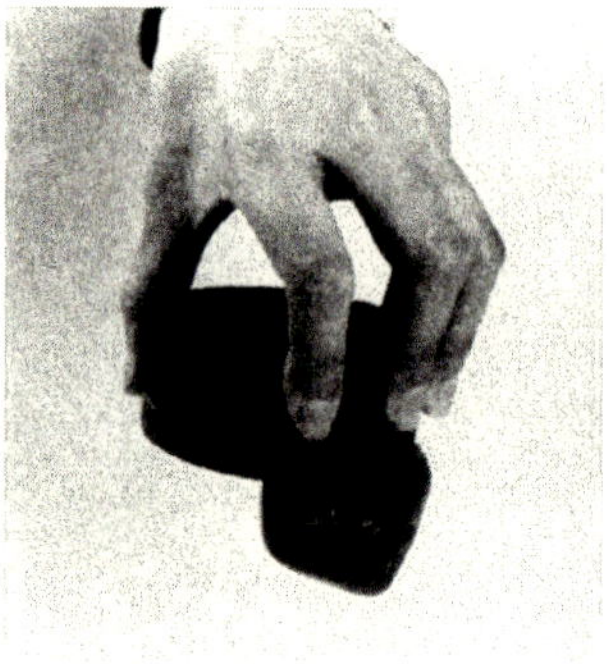

フェライト磁石にすいつく石

私は、うれしくなって、この発見を名倉さんやそのほかの人びとに伝えました。そのなかの一人に、北九州市で小学校の先生をしていた柳田和伴《やなぎだかずとも》さんがいます。小樽《おたる》の朝里川《あさりがわ》温泉でひらかれた仮説実験授業研究会の大会のとき、柳田さんは、その会場の近くの石は、小さく割ると、みな磁石にすいついてしまうことを示してくれました。そして、九州に帰ると、子どもさんといっしょに磁石にすいつく石をさがしにでかけ、新しい発見をしらせてくれました。

その一つは、「石のなかには、磁石のN極にはつくが、S極にはつかないというような石がある」という発見です。これも、いわれてみれば、そういうこともあってしかるべきだ、ということがすぐに納得できます。

岩石のなかに含まれている小さな小さな磁鉄鉱、つまり砂鉄のもとは、それ自身が磁石で、そのN・S極はみなおなじ方向をむいているのです。ですから、そういうたくさんの砂鉄を含む石は一つの大きな磁石とおなじことですから、磁石のN極を近づけたときとS極を近づけたときとではちがった力をうけてあたりまえなのです。

柳田さんは拾い集めた石をたくさん送ってくれましたが、その石を方位針に近づけると、その石が全体として磁石になっていることがよくわかりました。方位針に石を近づけるとき、その近づけ方によって方位針のN極が引っぱられたり、反発したりするのです。もちろん、石全体が磁石になっているといっても、その磁力はわずかなものですから、針や砂鉄をすいつけることはできません。しかし、方位針のように動きやすい磁石に近づけると、

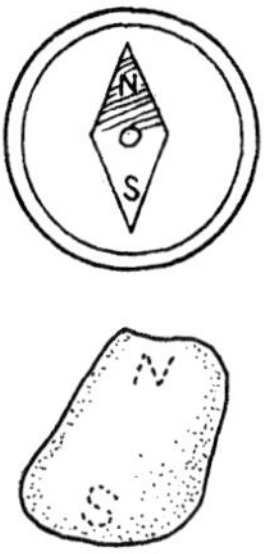

磁石特有の力のおよぼしあいをすることがたしかめられるのです。

このことなども、私がもうすこしちゃんと考えをすすめていたら、あらかじめ予想して、実験して、たしかめることができたはずのことともいえます。しかし、私は、柳田さんがそのことを知らせてくれるまで、玄武岩《げんぶがん》のなかの砂鉄の磁力の大きさがそんなにも大きなものだとは思っていなかったのです。私は、柳田さんの発見によって、またも、ふつうの石に含まれる磁力の大きさにおどろかされることになったのです。

新発見のための条件

名倉さんと梶田さんと柳田さんの三人、この三人とくらべたら、常識的なことばでいうと、私のほうがいくらか科学に強いということができます。その私がいつも発見の機縁《きえん》をとりもちながら、しかも、私は上述《じょうじゅつ》の三つの発見をどれもこれもとりのがしてしまったのです。

それは、なぜでしょうか。その答えはすでに明白であるように思われます。私のほうがより強く科学教育界での常識に支配されていたからいけなかったのです。ふつうの人とおなじように「磁石にすいつく石なんかありっこない」と思い、「最近の強力磁石を使えば、ごくあたりまえの玄武岩のかけら――そこらにころがっている石のかけら――がけっこう磁石にすいつく」という発見を知っておおいによろこんでも、やっぱり、それ以上に大きく空想の翼をひろげることをひかえていたのです。

それは、私がほかの三人の人たちよりも科学の世界の情報に通じすぎていたからだといえるかもしれません。私はほかの三人の人たちよりもすこしはよけいに本を読んだりして磁石や岩石のことをしらべていました。そして、それらの本のどこにも「ふつうの石が磁石にすいつく」などという話がでていないことを知っていました。「ふつうの石のなかに含まれている砂鉄のN・S極を方位針などでかんたんにしらべる方法がある」などということがでている本も知りませんでした。そこで、そんなことが磁石や岩石の研究を専門にしていない私たちの手で発見されるべく残されているなどとは思いにくかったのです。

じっさい、私の知るかぎり、強力磁石を使うとふつうの石をすいつけることができるというのは、これまでどの文献《ぶんけん》にもでていないことです。ですから、そのことはこんどはじめて名倉さん、柳田さんたちによって新発見されたといってよいと思います。

それでは、どうしてこんなことがこれまで知られなかったのでしょうか。その一つの理由は容易に推察《すいさつ》できます。それは、むかしはいまのように強力な永久磁石がかんたんには手にはいらなかったことです。磁石が強くないと、あまり大きな石はすいつけられないので、印象に残らないのです。

しかし、これは小さな理由にしかすぎないでしょう。じつはもっと大きい理由があるのです。それは、〈専門の科学者はこういう原始的な実験には関心をもっていない〉ということです。

専門の科学者は、岩石の磁気についても、もっともっとはるかにくわしく研究しています。そういうときには、永久磁石で石をすいつけてみるなどという原始的な方法を使わず、もっと精密な実験装置を使っているのです。ですから、たとえ永久磁石に石がすいつくということが多くの大衆をおどろかす新発見だといっても、それは専門の科学者にとってはなんら発見価値が認められないことでしょう。専門の地学者にはそんなことはどうでもよいことなのです。

それでは、この新発見はしろうとの遊びごとで科学的にはなんの意味もないことになるのでしょうか。いいえ、そんなことはありません。この新発見は、自然科学の研究にはなんの意味もなくても、科学の教育研究のうえではすばらしい発見となりうるのです。

たとえば、この発見を手がかりにすると、鉱物と岩石のちがいを教えるときなども、以前よりずっとたのしく理解させることができるようになるでしょう。

これまでだと、「花崗岩《かこうがん》という岩石は石英《せきえい》と長石《ちょうせき》と雲母《うんも》の三種の鉱物からなっている」などと教えたわけですが、ふつうの人は石英・長石・雲母といったものにあまり関心をもたないので、その知識は死んだ知識にしかなりえませんでした。しかし、「花崗岩や玄武岩《げんぶがん》という岩石には磁鉄鉱という鉱物も含まれていることが多い」と説明するようにすると、その磁鉄鉱にはおおいに関心をもたせやすいので、その知識が生きてくると思うのです。

さらに、さまざまな岩石に磁鉄鉱が含まれていて、そのN・Sの両極が一定の方向をもつということがわかると、「その磁性はどのようにしてできてきたのか」ということがすぐに問題になってきます。

じつは、この磁石の方向は、その岩石の液状のマグマが冷えてかたまって岩石となったときの地磁気《ちじき》(地球のもつ磁気)の方向とちょうどおなじ向きになっているのです。そこで、この岩石の磁気の性質をしらべることによって、その岩石ができたころの地磁気の状態をしらべることができるようになります。また、もしその岩石ができたころの地磁気の状態がわかっていれば、それをもとにして「その岩石がはじめにかたまってできたときの位置からどのくらいずれたか」ということもわかるようになります。

ですから、岩石の磁気の実験をとおして、地球の歴史という大きな話題に話を広げることができるようになるのです。専門の研究者は、精密な実験装置を使って、くわしく研究するのですが、私たちは、永久磁石や方位針による自分の実験をもとにして、おおざっぱにせよ、科学者の研究の成果を学びとることができるのです。このほか、このかんたんな実験を手がかりにすれば、いろいろな点で、地球の科学をこれまでよりもずっとたのしいものにすることができそうに思われます。

そこで、やはり、教育的にはこれは大発見といってよいと思うのです。いや、もしもこのさきの教育の展望がそうならなくても、このような、多くの人びとがびっくりするような一連の実験事実が専門の科学研究者でない人びとによって発見されたという話題そのものだけでも、教育的には十分な意味があるといってよいでしょう。

名倉さんと柳田さんが、この発見の途上《とじょう》において、どんなに知的好奇心をもやして、どんな実験をつぎつぎとやっていったか、その話をくわしくすると、さらに多くの人びととの共感を呼ぶことになると思うのですが、ここではできませんので、いつか一冊の本にしたいとも考えています（私が一九七九年四月に福音館書店から出した『砂鉄と磁石のなぞ』という本は、その思いを実現したものです。その本はその後、国土社に版元をかえて、今は仮説社から出ています）。私は、このお二人の好奇心のもやし方こそ科学本来の姿を示すものであるように思え、それを広く知ってもらうことが子どもたちやおとなたちの知的好奇心をはげますことにもなると思われてならないのです。

それでは、この発見の途上ですべての発見をとりにがした私自身はいったいなにをしたことになるのでしょうか。じつは、私はこの一連の発見において、名倉さん、柳田さん、梶田さんたちの知的好奇心を効果的にはげますことができたということで、自分の役割をりっぱにはたしたと考えて満足に思っているのです。新しい発見には、発見者のみならず、発見の雰囲気というものがすくなからぬ役割をもつという認識が、私たちを科学とはちがった科学教育の研究へとむかわせるのです。

ガリレオ・ガリレイ
（1564年～1642年）

ガリレオは、ピサ大学の医学部を中退して、街《まち》の数学者・技術者について科学を学んだ。ピサ大学の講師をへて、当時、イタリアにあった自由の国、ベネチア共和国のパドバ大学の教授となった。ここで、造船所の親方などからも多くのことを学んだという。

また、望遠鏡を発明し、木星の衛星や月の凹凸《おうとつ》などを発見して地動説の正しさを民衆に示した。

のち、故郷のトスカナ大公国《だいこうこく》（いまのイタリアの一部）の宮廷《きゅうてい》学者となり、『天文対話《てんもんたいわ》』を書いて地動説《ちどうせつ》の正しさを体系的に説いたが、このために宗教裁判にかけられ、自宅に監禁《かんきん》されてしまった。しかし、それでもへこたれずに研究をつづけ、こんどは『新科学対話《しんかがくたいわ》』という科学の新時代を開く本を著《あら》わした。

そこで、彼は「近代科学の父」とよばれる。

第4話　目に見えないものと科学——見えない空気をつかまえる

前にも書いたことですが、学校の理科の勉強というと、すぐに「よく観察しなさい」とか、「よく実験して自分の目でたしかめて」などといわれます。そこで、理科というと、とかく「目で見たり手でさわったりできるものをたしかめることだ」と思われがちです。とくに学校の先生のなかにはそう思っているかたが少なくないようです。そういう人びとは、「見たりさわったりすることのできないようなものについて、子どもたちに考えさせるのはおしつけになるし、非科学的だ」といいます。「見たりさわったりできないものだと、とかくとんでもない考えちがいをおかしやすいから」というのです。

見えないものを見ることのたのしさ

しかし、科学というもののほんとうのおもしろさ、すばらしさは、「直接見たりさわったりすることのできないようなものについてまで、たしかな知識を自分たちのものにすることができる」ということにあります。直接見たりさわったりできるものなら、科学がなくても、人間以外の動物だって、正しく認識《にんしき》することができます。しかし、「直接見たりさわったりできない」ものとなると、科学なしには正しい認識を進めることができなくなります。だから、科学のほんとうのおもしろさを学びたい、教えたいと思ったら、「ふつうでは気がつかない、目に見えないが、たしかに知ることができること」を話題にするのがいちばんです。

「直接、目で見たり手でさわったりすることのできないもの」というと、どんなものがあるでしょうか。

原子や分子や微生物《びせいぶつ》などは、小さすぎて、目で見ることができません。微生物は顕微鏡の助けをかりれば見えないわけではありませんが、原子となると、それも不可能です。

また、反対に、大きすぎて見えないものもあります。たとえば、地球です。「私たちは地球の上に住んでいるのだから、いつだって地球を見ているじゃないか」といわれるかもしれませんが、私たちの見ているのは地面《じめん》であって、その地面が球状《きゅうじょう》をしているものの一部だということは直接見ることができないでいるのです。だからこそ、「この大地が全体として球をなしている」ということの発見は、人類にとっておどろくべき大発見だったのです。

小さすぎたり大きすぎたりするもののほかにも、私たちが直接見たりさわったりすることのできないものがあります。たとえば、生物の進化の歴史がそうです。これは遠くすぎ去った時代のことなので、直接見ることができないわけです。

科学の歴史上、地動説《ちどうせつ》・進化論《しんかろん》・原子論《げんしろん》についてはげしい論争が行なわれたことは有名な話です。それは、地球の運動とか進化とか原子とかというものが直接目でたしかめられるようなものではなかったからなのです。

本格的な科学の教育は、こういう目に見えないようなことについてまで正しい考えをもてるようにして、神秘的《しんぴてき》な考え方をとりのぞくことからはじめられなければなりません。そういう点からすると、いままでの小・中学校の理科教育はほとんど「本格的な科学を教えるものとなっていなかった」といわなければなりません。

それなら、科学者たちは、このように直接見たりさわったりすることのできないものを、どのようにして正しく認識することができたのでしょうか。

それは、科学者たちがそれらの目に見えないことについて興味をいだき、大胆《だいたん》な想像をこらしたからです。そして、「もしこうだとしたら、これこれこういうことがおこるはずだし、そういうことはおこらないはずだ」といったぐあいに考えをすすめて、その予想を事実と照らしあわせて、それではじめてほんとうのことをつきとめることができたのです。目に見えるものなら、ぐうぜんに正しい知識を身につけることもできますが、目に見えないものになると、積極的にいろいろな予想をたてて事実と照らしあわせていかないことには、たしかなことはなにもわからないのです。

ですから、科学が生まれ育つためには、見たりさわったりしたことのないようなことについても、大胆な想像をこらしたり、いろいろと想像したことについて自由に話し合うことができるような、そういう余裕とか自由とかいうものが保証されていなければなりません。だから、科学は昔から、自由のないところには育たなかったのです。そして、科学の学習も、子どもたちの想像力を自由に思いきりのばすことによって、はじめて効果的なものとなりうるのです。

自然学と自然科学

私たち人間は自然のなかに生きています。ですから、大昔から人間は自然についてあれやこれやの知識をもつことなしには生きていくことができませんでした。

たくさんある植物のうちでも、どういう植物がおいしくて、どんなところにはえており、いつごろとりいれるとよいかとか、どういう動物はどのようにして狩《か》ることができて、どのようにして食べたり貯蔵《ちょぞう》したりしたらよいかとか、道具をつくるにはどんな材料を使えばよいかとか、いろんな知識があります。

人間以外の動物もそういう知識をたくさん身につけていますが、たいていは遺伝《いでん》的《てき》・本能的《ほんのうてき》に身につけているだけで、親から教わるわけではありません。しかし、人間は生まれつき本能的に知識を身につけるだけでなく、親のまねをしてたくさんの知識を学びとり、それを子孫へ伝えてきました（「学ぶ」ということばは「まねる」からきたのです）。つまり、自然についての学問、自然学といったものは、人間の発生とおなじくらい大昔からあったことになります。

こういう「自然についての知識・学問」、つまり、「自然学」が発展して、今日の科学が生まれたということができます。しかし、自然科学と大昔からの自然学とのあいだには質的《しつてき》に大きなちがいがあることを見おとしてはなりません。

「伝統的な自然学と科学とのちがい」などということは、これまであまりはっきりと説明されることがありませんでした。しかし、このちがいは、科学というものを理解するうえでたいへん重要だと思われるので、私の考えを説明しておくことにしましょう。

自然学と自然科学とのちがい、それは、「一方がまちがっていて他方が正しい」といったことにあるのではありません。たくさんの人びとの長いあいだの経験を積み重ねてきた伝統的な自然学の知識の多くは正しいものですし、現代の自然科学だってしばしばまちがいをおかします。

私の考えによると、伝統的な自然学と新しい自然科学とのちがいは、「直接見たりさわったりすることのできないものについて、たしかな知識を人間のものとすることができるようになったかどうか」で区別されるのです。

たとえば、空気は目に見えませんし、手でさわることもできません。そういう空気の存在をだれも否定《ひてい》しがたいようなかたちで証拠《しょうこ》だてることができるようになったとき、そこにはじめて「たんなる自然学以上の科学」が生まれたといってよい、と私は思うのです。

目に見えないようなものはとらえにくいから、とんでもない考えちがいをおこしがちです。そこで、そういう目に見えないものについてまで正しい知識を保証できるようになったとき、その学問ははじめて「すべての人びとが信頼しうるような学問として成立した」といえるようになるのです。つまり、真理を多数決できめたり、権威者のことばできめたりすることから一歩前進することができるのです。

たんなる自然学（＝学問）と科学とのちがいについてはべつの機会にあらためて論ずることにして、ここでは、科学というものの性格を明らかにするために、日本人が目に見えないようなものについてまでたしかな知識を手にすることができるようになったのは、いつごろのことだったか考えてみることにしましょう。

日本人はいつごろ空気の存在を知ったのでしょうか。また、確信をもって大地がまるいといえるようになったのはいつごろのことなのでしょうか。それはおそらく十六世紀（一五〇〇年代）以後のことといわなければならないでしょう。なぜなら、十六世紀に、スペインやポルトガルの宣教師《せんきょうし》が日本にやってきて、古代ギリシアの科学を日本にもたらしましたが、その後、はじめて日本人は、空気とか地球とかいう、直接、目に見えないようなものについて、たしかな証拠をもととした知識を身につけることができるようになったからです。

日本人だって、早くから自然についてのそれなりの学ぶに値する知識、自然学の知識を身につけてはいたのですが、ヨーロッパ人と接触《せっしょく》してはじめて自然科学的な知識というものを知るようになったのです。昔の日本にも頭のよい人はたくさんいました。しかし、そういう人たちがいても、いろいろな想像を話しあう自由な研究の雰囲気がなければ、科学というものはなかなか自然に育ってくるものではないのです。

ヨーロッパ人と接触する以前の日本人だって、(地球のことはともかくとして)空気のことをまるで知らなかったわけではありません。空気が動いて生《しょう》じる風のことは早くから注目されていましたし、「〈気〉という目に見えないものが、人間にいろいろな影響をおよぼす」という考え方も早くに中国から伝わっていて知っていました。その「気」が動いて風が生ずるという考えも早くからあったし、動物は空中にある「気」を呼吸しなければ生きていけないということも知られていたのです。

しかし、そのころの日本人は空気を一つの物質としてはっきりとらえることはできないでいたようです。そのころの日本人は、だれの目にも明らかなような事実でもって空気の存在を証拠だてるというようなことをしようとしなかったので、とうとう空気を一つの物質としてはっきりとらえることができなかったのです。

空気の認識と日本人

それなら、そのころの日本人は空気をどのようなものとしてとらえていたのでしょうか。それは、私たちが今日もしばしば用いている「気」ということばの意味を考えてみるとわかります。というのは、そのころの日本人は、空気のことも、ただ「気」と呼んでいたからです。

「気」ということばといっても、すぐにはピンとこないかもしれませんが、「気が重い」「気が楽だ」「気のやまい」「気がすすまない」「やる気がない」の「気」といえば、「ああ、そうか」とわかっていただけるでしょう。「気がきく」とか「気が気でない」とか「気にいる」「気がつく」「気を失う」などという使い方もあります。元気・生気・気鋭・気分・気持ちの「気」もおなじです。

こういう「気」は空気とはまったく関係がないと思われるかもしれませんが、そうではないのです。昔の人びとは、「人間のからだのなかにあって、人間の健康・行動・状態を左右するような、なにか目に見えないもの」のことを、空気とおなじように「気」と呼んでいたのです。ちがうものをかりにおなじことばで呼んだというわけではありません。「空間にある〈気〉（空気）を呼吸することによって、からだのなかの〈気〉が新鮮になる」などというふうに、この二つの「気」は本来おなじものだと考えられていたのです。空間に存在する「気」（空気）も、からだのなかにあって気力のもとになっている「気」も、おなじように目に見えずとらえづらいというわけで、おなじものとしてとらえられていたのです。

こういう「気」の考え方は、日本人が創《つく》りだしたものではありません。もとはといえば、中国から輸入したのですが、それが広く深くからだの状態、人間の感情を表現することばにまで浸透《しんとう》するようになったのですから、よほど日本人の感覚にぴったりくるものだったにちがいありません。

いまからいえば、昔の人がおなじ「気」ということばで表現してきたものを二種類に大別できることはたしかです。気候《きこう》・天気《てんき》・蒸気《じょうき》などというときの気はからだの外の空間にある気、つまり、空気に関係したことばで、気分《きぶん》・気性《きしょう》・病気《びょうき》などのからだのなかの気とははっきりちがいます。

しかし、昔の人は、この二つのものをはっきりと区別しようとはしなかったのです。むしろ物質としての空気の存在・性質をはっきりさせると、それがからだのなかにあると考えられてきた気とまったくちがうものだということがはっきりしてしまうので、そのへんのところをあいまいなままにしておきたかったのかもしれません。そして、「風は天地の息《いき》だ」などというい方をして、「物質の世界の話」と「人間の身体的・精神的な状態の話」とをなんとなく一つのものとしてとらえようとしていたのです。

物質としての空気

それでは、からだのなかになんとなくあると考えられてきた「気」と、空間に存在する空気とを区別してはっきり認識するためにはどうしたらよいでしょうか。それには、空気を風とか呼吸とかいったものだけでなんとなく理解した気にならないで、空気の存在をだれの目にも明らかなようなかたちで示してやる必要があります。

私が知るかぎり、日本ではじめてそういうことに人びとの注意をむけた人は、漬《つ》けものの「たくあん」にその名を残している沢庵和尚《たくあんおしょう》（一五七四〜一六四六）です。沢庵和尚は戦国時代から江戸時代初期にかけての禅宗《ぜんしゅう》の坊《ぼう》さんで、江戸幕府《えどばくふ》の宗教統制政策に抗議して流罪《るざい》にあったこともある反骨《はんこつ》精神の持ち主ですが、医学をはじめ自然学の知識にも深い関心をもっていました。
その沢庵和尚が「気」（空気）の存在をたしかめる実験をつぎのように書いているのです。

「気は形なけれども、れきれきとしてあるしるしには、気が動けば風が吹くなり。……形なければ、なにもなしと思うは愚《おろ》かなり。……そのしるしは、桶《おけ》のうちの底に、熾《おき》〔炭火〕を糊《のり》にてつけ、これを水の上にふせて、まっすぐに水のうちへ押し込むに、桶のうちへ水入らずして、火が消えぬなり。これは桶のうちに気が一ぱい満《み》ちてある故《ゆえ》なり。中がふさがって、水〔の〕入るべき所なし。桶の中は何もなく空なれども気がある証拠なり。少しなりとも桶がゆがみ傾《かた》むきてあくかたあれば、気が出るにより、水は気と代りて桶のうちへ水が入るほどに火が消ゆるなり。これ、気の物に満ちて水をも入れざ

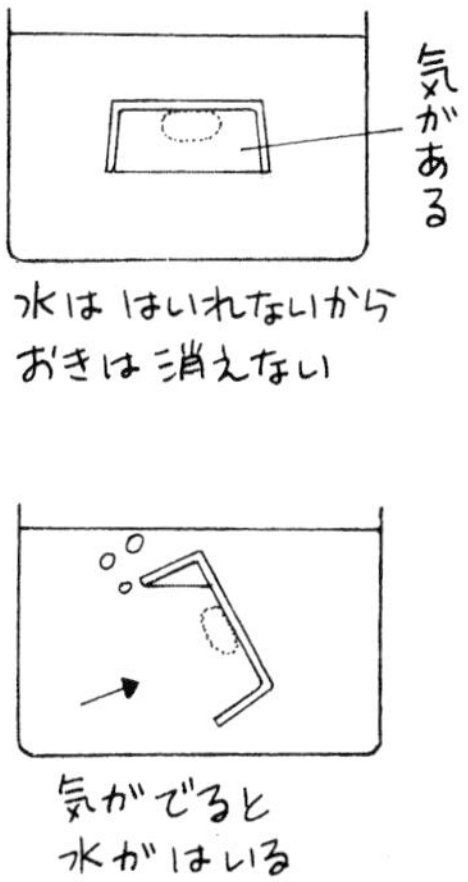

るしるしなり。茶碗《ちゃわん》・天目《てんもく》〔抹茶茶碗の一種〕にてするも同じ事なり。かかる浅きわらはべ〔童子〕の遊びごとのようなることに大道《たいどう》のしるべとなること多し」

（『理学捷径《りがくしょうけい》（一名、沢庵和尚法語）』より）

これならだれでもわかります。私たちも小学校二～四年生あたりでコップを使ってこれとおなじ実験をやることにしていますが、実験をやるまえに「コップの中には水がいっぱいはいるか、ほとんどはいらないか、それとも半分ぐらいはいるか」と予想をたてさせて話し合いをさせると、とてもたのしい授業ができることを確認しています。

子どもたちは小学校にはいるまえから空気ということばを知っており、空気が動くと風になることや、空気がな

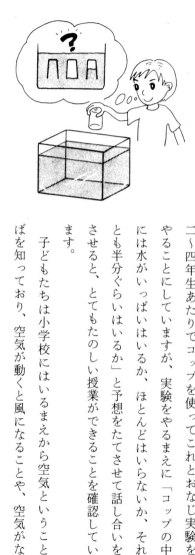

いと呼吸できなくて死んでしまうなどということも知っています。ちょうど昔の日本人の知識水準とおなじ状態にあるのですが、この問題はかならずしも正しく予想できません。そして、その実験の結果におどろくのです。いや、正しく予想できた子どもたちも、その実験の結果におどろきます。「目に見えないものをとらえる実験」というものにはそういう迫力《はくりょく》があるのです。

私たちは、いま、この実験を、なかのすきとおって見えるコップを使ってやっていますが、沢庵《たくあん》の時代にはそんな便利なものがなかったので桶《おけ》を使い、そのなかに炭火を糊《のり》ではりつけて実験しているわけです。なかなかよく考えているといわなければなりません。「もし、桶のなかに水がはいるなら炭火はジューッといって消えてしまうはずだが、さて、実際はどうだろう」という推論《すいろん》・予想があってはじめて桶のなかのようすが推定《すいてい》され、さらに目に見えない空気の存在がたしかめられるようになっているのです。

このようにして、それまで、あいまいで神秘的《しんぴてき》な存在とみられていた「気」（空気）が物理的にしっかりととらえられるようになると、そこから科学のいとぐちがどんどんひらかれてくるようになります。それまで神秘的にしかとらえられなかったことが、一つ一つものとものとの作用によって科学的にとらえられるようにもなっていくのです。

目に見えないものが一つとらえられると、そこから科学の芽が……

じっさい、沢庵は自然界についてそういった科学的な見方の一つの例を提出しています。沢庵和尚のべつの本にはつぎのように書いてあるのです。

「木の枝〔が〕垣《かき》・壁《かべ》のある方へささざるは、草木これを〔垣や壁のあることを〕知るようなれども、知るにはあらず。草木〔が〕南にあれば、北にある壁にあたる気〔空気〕がつかえて寄られざるにより、南へ傾きて北へ枝をささざるなり。また、南に垣・壁・家などあれば、それに当たる気〔空気〕に追い返されて、枝をささずして北へかたよるなり。垣・壁と樹との間は空《むな》しき所なれども、気〔空気が〕その間に塞《ふさが》りてあるなり」（『東海夜話（一名、玲瓏随筆《れいろうずいひつ》）』より）

これだけではありません。彼はさらにつぎのようにも書きたしているのです。

「かくの如《ごと》く、万《よろず》の義理《ぎり》を工夫《くふう》するに、初め浅く思いたること正義にあらず、なおよく工夫して二重に正義を見立てるがよく合う〔ことがある〕ものなり。みな〔が〕思うは、〈草木は心なしといえども、垣・壁のある方へは枝をささぬ程に、草木も心なきにあらず〉といえり。この義《ぎ》はもっともそうにあれども、枝をささぬが心あるにてはなし。気〔空気〕にせかれてさされざるなり。初めの義をとりて〈もっともなり〉と思えども、いま一重《ひとえ》思惟《しい》して見れば、草木も知らずして気〔空気〕にせかれて枝をささざる〔ことが判明する〕なり」

つまり、ここで、沢庵は「ものごとをなんでも心の働きとして理解するのはまちがいだ」というのです。そして、空気の存在なども考えにいれて、ものとものとの力のおよぼしあいによって説明したほうがよい（こともある）のだと教えているわけです。これは明らかに目的論的・神秘主義的な考え方から、力学的・科学的な考え方への一歩前進を示すものです。日本でも空気の存在証明とともに、こうした科学的な考え方の芽がでてきていたことは注目に値することでしょう。

ところで、沢庵和尚はこのあとの文章のなかでも空気の存在を証拠だてるもう一つの事実をあげています。

「たとえば、小児《しょうに》、竹鉄炮《たけでっぽう》と名づけて、竹の筒に紙を咬《か》みしたぎて、玉となしてこれを入れて、またあとより一つ重ねて紙のしたぎを入れて突きやるとき、先へ入れたる紙の玉へ後《あと》

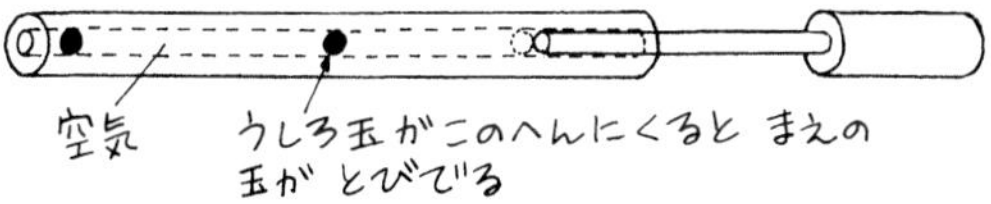
空気
うしろ玉がこのへんにくると まえの
玉が とびでる

の玉〔が〕行き届《とど》かぬさきに、〈はっし〉となりて先に行くなり。これ〔は〕前の玉と後の玉との間は空《くう》なれども、その間に気が充《み》ちてある故なり」というのです。私はなんとなく、紙玉鉄炮というのはもっと最近のもので、山吹《やまぶき》鉄砲（竹筒などの一端に山吹《やまぶき》の髄《ずい》をちぎって丸めたものを詰め、反対側から棒で強く押し出すと詰めた山吹が飛び出す）が原型だと思っていたのですが、沢庵の時代からあったのです（江戸時代には鉄砲の「砲」の字は〈石へん〉でなく〈火へん〉に書くのがふつうでした）。

ここで竹鉄炮というからには、これはおそらくほんとうの鉄砲（種子島銃《たねがしまじゅう》）が一五四三年に日本に伝えられて以後、つくられるようになったのでしょう。そこで私は、このおもちゃも、そういう道具を使って空気の実在を証拠だてるやり方も、ヨーロッパ人から伝えられたものではないかと考えています。

いずれにせよ、日本人が幕末にオランダ語の書物をつうじて近代科学を学ぶよりずっと前に、空気という目に見えないものを確実にとらえることによって科学的な考え方をしはじめていたという事実は、注目すべきことではないでしょうか。この事実は科学というもののおこり方を考えるうえで、おおいに参考になると思うのです。

また、沢庵が日本ではじめて空気の存在を証拠だてようとしたとき、おもちゃの竹鉄炮の例をもちだしたり、子どもの遊びごとのような実験をとりあげて、そこに真理追求の手がかりを見いだしていたという事実も注目すべきことといえるでしょう。科学は、ヨーロッパでも日本でも、そういうところから芽生《めば》えてきたのです。

アイザック・ニュートン
（1642年〜1727年）

ニュートンは、生まれる前から父を失い、再婚した母のもとから離されて、祖父母の手で育てられた。子どものときから機械いじりが好きだったが、とくに頭がいいというわけでもなかったという。しかし、学者のおじに認められて大学に進んで、数学や物理学の研究に興味をもった。

そして、「微積分学《びせきぶんがく》」という新しい数学を創《つく》りだし、「万有引力《ばんゆういんりょく》の法則」を発見して、天体を含むすべての物体の運動法則を確立した。天体の運動も地上の人間によって確実にとらえることができたのである。そこで、これは当時の知識人に、人間の知恵の可能性について画期的な自信を与えることとなった。

彼はまた、太陽光線はたくさんの色の光のまざったものだということを明らかにし、分光学《ぶんこうがく》のもとを開いた。

第5話　見えない分子やイオンを見る手がかり——溶解と結晶

科学を学ぶことのほんとうのすばらしさ——それは、「これまで私たちが見たことも経験したこともないような事物《じぶつ》にまで私たちの視野が広がることにある」といってもよいでしょう。科学を学ぶと、地球だとか太陽系だとか宇宙だとかいった広大な空間にも私たちの視野が広がるようになります。そして、原子とか分子とか電子とか微生物とかいった目に見えないような小さな世界が見えるようになります。

ところが、これまでの日本の理科教育は、私たちが直接は経験できない事物について教えることを極力避けてきました。「小・中学校の理科教育では、私たちの身近な事物を正確に観察させ理解させれば、それで十分だ」という考え方が支配的だったのです。これではいくら学校の理科の勉強をしても、科学のほんとうのおもしろさ、すばらしさがわかるはずがありません。

もし、あなたが「どうも科学はにが手だ」と思っているとすれば、それはそういう理科教育の犠牲《ぎせい》になったのだ、と考えていいでしょう。なにも、あなたの頭が悪かったり、あなたの性格が科学にむかないものであると考える必要はないのです。

そうはいっても、いちど科学に自信を失った人たちは、科学にたいするコンプレックスをなかなかすてきれるものではありません。そこで、そういう人たちのために、これから、小学校にはいりなおしたつもりで、まったく新しく科学を学びなおしていただこうと思います。

小学校段階からやりなおすといっても、けっしてだれもが知っている話題からはいろうというわけではありません。科学のおもしろさは、「むずかしいことがわかる」ということにあるので、わかりきったことを話題にしてもつまらないのです。

そこで、最初の話題としては、水にとけて見えなくなったものを中心にして、見えない分子やイオンをとらえる手がかりとしたいと思います。この話題は、理科にはかなり自信があるという人でも、かならずしもばからしいとはいえないようなものです。ですから、理科や科学に自信があるという人たちも、しばらく私の話につき合ってくださるようおねがいします。

ものが水にとけるということ

さて、まずこんな問題を考えてもらいましょう。

〔問題1〕

ここに水のはいったコップがあります。この水のなかに食塩をいれてよくかきまわしたら、食塩はよくとけて、水がきれいにすきとおるようになりました。

このコップにふたをして水が蒸発しないようにして、ずっとなん日も静かにしておいたら、とけていた食塩はどうなるでしょう。

予想

ア．食塩は底のほうに沈んでくる。
イ．食塩はとけたままで変わらない。
ウ．そのほか。

さあ、どうでしょうか。

なんだ、こんな問題、だれだってできるにきまっているじゃないか、といわれるかもしれません。けれども、じっさいにはなかなかそうではないようです。

いま私の手もとにある授業記録をしらべてみると、中学一年のクラスでは、「食塩は底の方に沈んでくる」というアが三十二人にたいして、イ「とけたままで変わらない」が三人で、アの「沈んでくる」のほうが圧倒的に優勢です。小学四年のクラスでは、はじめア、イともに十八人で同数でしたが、討論後、アからイへ十人も予想をかえ、イの「とけたままで変わらない」が圧倒的に優勢となっています。そこで、あらためてあなたの考えをまとめてみてください。

このような問題の場合、考える手がかりは大きくわけて二種類あります。一つは、これまで直接、経験したことをできるだけたくさん思いだすやり方、もう一つは類似の経験をもとにして理屈《りくつ》をたてて考えていくやり方です。

そこで、まず、直接の経験をたよりにすると、こんなことが思いだされてきます。「紅茶やコーヒーに砂糖をいれてよくかきまぜたつもりでも、あとで砂糖が底に沈んできてたまることがある。だから、この場合も沈んでくるのではないか」というわけです。しかし、それははじめのかきまぜ方が不十分だったためかもしれません。そう考えると、こういう経験はあまりあてにできなくなってしまいます。日常生活での経験は、科学の実験とちがって、条件を厳密《げんみつ》にしらべてないので、あてにならないことがすくなくないのです。

そこで、もうすこし経験のワクを広げて考えてみなければなりません。食塩水といえば、海水だって天然の食塩水です。もしも、いちど水にとけた食塩が底のほうに沈むとすれば、海の底のほうには塩がたくさんたまっているはずですが、そんなことがあるでしょうか。とすると、イの「とけたままで変わらない」が正しいようにも思えてきます。

しかし、アからの反論がないわけではありません。「海の水はたえず動いているので、人間がかきまぜているときとおなじように塩が沈まないのだ」というのです。そうすると、「いや、動いているのは上のほうだけで、底のほうは動いていないんじゃないか」という反論がでたり、「海の底には食塩がたくさんたまっているのかもしれない」などと考えられたりします。こう考えてくると、こういう議論だけではきめ手がありそうもないことになります。

そこで、考える手がかりをかえて、すこし理屈っぽい考えを動員したらどうかということになります。ウドン粉や土は、水のなかにいれてよくかきまぜると、水とまじりあうけれども、かきまぜるのをやめてすこしたつと、底のほうに沈んできます。「塩や砂糖の場合はそんなに早くは沈んでこないけれども、それは塩や砂糖の粒がウドン粉などよりずっと小さいためではないか。だから、沈んでくるのはすごくおそいけれども、やっぱり沈んでくることには変わりがない」などと考えるのです。

さきの中学一年のクラスの場合、「ア．沈んでくる」の予想が多かったのは主としてこういう理屈をもとにして考えたからであるようです。

それでは、じっさいに実験してみたらどうでしょう。

この実験はだれにでもかんたんにできるので、自分で実験してみればよいのですが、すこし時間がかかるので、さきに結果だけお教えしましょう。実験の結果は、「イ．とけたままで変わらない」になるのです。さきのクラスの場合、小学生のほうができのよい結果になっているわけです。

こういうと、アが正しいと考えた人たちのなかに、こういう反論をする人たちがでるかもしれません。「だけど、食塩が下のほうに沈みはじめていることはたしかなんでしょう。一日や二日ぐらいでは底にたまるほど沈まないだけではないですか」というのです。この考えには一理ありそうです。

そこで、この食塩水の水が蒸発しないように、よくふたをして十日も一ヵ月も半年も静かにしておいたらどうでしょう。じつはこうしても食塩が沈んでくることはないのです。十年たっても百年たってもおなじことです。食塩水や砂糖水が変質《へんしつ》したり、環境条件《かんきょうじょうけん》(たとえば、水の量とか温度とか)が変わったりすることがなければ、いちどとけたものが底に沈んでくることはないのです。

このことは、じつは、だれだってびんづめ食品でもって見知っているといってもよいかもしれません。くだものの缶《かん》づめでもおなじです。缶《かん》づめやびんづめの液には食塩や砂糖がかなりたくさんとかされていますが、それらの食塩や砂糖が底に沈んだりしてくることはありません。まだ封《ふう》をきっていないショウユびんをみてもおなじことです。こういういちばん身近な経験を思いだせば、この問題はだれだってまちがわずにすんだかもしれません。

しかし、私はなにも、みなさんがこういう問題にいつも正しく答えられるようになるようにと考えて、この問題を提出したわけではありません。私は、ここで、はじめからこの問題の正答を知っていた人たちにも、もうすこしつっこんで考えてほしいのです。「多くの人たちがこの種の問題にかならずしも正しく答えられない」という事実を考えなおしてほしいのです。

この問題に「ア．沈んでくる」と答えた人たちは、たいてい自分の経験を思いだしただけではなく、理屈をも動員して考えた人たちです。水より重いものは水といっしょにかきまぜれば、一時のあいだだけ水中にただよわせることができるけれども、水の運動がおさまれば下のほうに沈んでいくのがあたりまえです。

水にとかすまえの食塩や砂糖は水のなかに沈むのですから、水よりも重いことはたしかです。ですから、目に見えないような小さな小さな粒になっても、やはり下に沈むのがあたりまえだというわけです。

この考えはどこもまちがっていないようにみえます。しかし、事実はこの考えどおりにはなりません。いったい、この考えのどこがまちがっているのでしょう。そのことを考えてほしいのです。

しかし、ここではその問題の答えを与えないことにしましょう。その答えは、本書を読みすすめていただくとだんだんとわかってくることだからです。そこで、もう一つ、つぎの問題を考えていただきましょう。

〔問題２〕

科学者たちは、よく液体にまざっているものをとりわけるのに「ろ紙《し》」というものを用います。「ろうと」に「ろ紙《し》」という「すいとり紙《がみ》」のような紙をいれて、その上から液を注いでやると、液だけがろ紙をとおって流れでてきて、液のなかにただよっていたものがろ紙のうえにたまるというわけです。

それでは、よくとけて透明になった食塩水や砂糖水をろ紙《し》の上に注いでやったら、とけていた食塩や砂糖をこしわけることができるでしょうか。

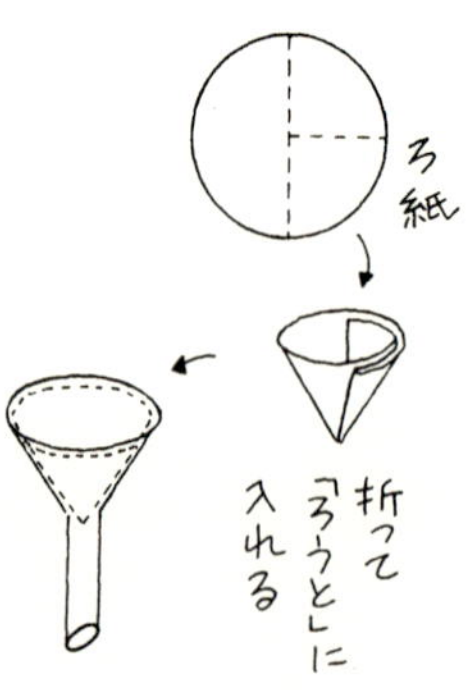

予想

ア．ろ紙をとおった水はただの水になっている。

イ．はじめの食塩水や砂糖水とおなじ。

ウ．とけていた食塩や砂糖の一部だけがろ紙をとおってくるので、ろ紙をとおってでてくる液ははじめよりずっとうすくなっている。

さあ、どうでしょう。

食塩と砂糖のそれぞれについて予想をたててみてください。「ア．ろ紙をとおった水はただの水になっている」でしょうか。それとも「イ．はじめの食塩水や砂糖水とおなじ」でしょうか。あるいはまた、「ウ．とけていた食塩や砂糖の一部だけがろ紙をとおってくるので、ろ紙をとおってでてくる液ははじめよりずっとうすくなっている」でしょうか。

この問題も人びとの予想が大きくわかれます。ろ紙をとおった水は、ただの水か、それともはじめのように塩からかったり甘かったりするか。ふつう、こういうことは経験しないので、そうかんたんに予想できるとはかぎりません。「ろ紙の繊維《せんい》のすきまの大きさと、水のなかにとけている砂糖や食塩の粒の大きさとではどちらが大きいかわからないから考えようがない」という人がいるかもしれません。しかし、それでもおよその感じで予想をたててみてください。

こうして予想をたててもらうと、多くの人たちは「水のなかにただよっていた砂糖や食塩の粒はろ紙につっかえて、ろ紙の下にはただの水がでてくる」と考えるようです。

それでは実験をしてみたらどういうことになるでしょうか。ろ紙からしたたりでてくる液をなめてみればわかることですが、食塩水も砂糖水もそのままろ紙をとおってしまうのです。

じつは、水は「水の分子」という小さな小さな粒でできているのですが、水のなかにとけている食塩や砂糖の粒も、水の分子とその大きさがあまりかわらないのです。そこで、水の分子とおなじようにろ紙の目のあいだをゆうゆうととおりぬけてしまうのです。

ここで、「水の分子」ということばがでてきましたが、水にとけて見えなくなってしまった砂糖や食塩のことを話すには、どうしても分子とか原子とかいうことばが必要になってくるのです。目に見えないものについて語るには、原子とか分子とかいうものの姿を頭のなかにえがきだしていくよりほかないのです。

原子や分子は目で見ることはできません。しかし科学者たちは、いろいろな予想をたて、実験を積み重ねることによって、原子や分子について、私たちがふだん見なれているもの以上にくわしく知ることができています。

私たちも、水にとけて目に見えなくなったものを追っていくうちに、砂糖や食塩の小さい小さい粒のことを考えなくてはならなくなったわけですから、遠慮《えんりょ》せずに科学者のもちいている科学のことばをもちいることにしましょう。

科学のことばをもちいると、水にとけてばらばらになった砂糖の小さな小さな粒は、「砂糖の分子」と呼ぶことができます。砂糖の分子と水の分子がごちゃごちゃになって動きまわり、ぶつかったり、ひきあったり、反発しあっているのが砂糖水というわけです。

こういうと、「水にとけてばらばらになっている食塩の粒も〈食塩の分子〉とよんでいいのではないか」と思われそうですが、残念なことに食塩の場合はすこし事情がちがっているのです。というのは、砂糖の場合、水にとけても一種類の粒しかできないので、それを砂糖の分子と呼ぶことができるのですが、食塩の場合は二種類の粒ができてしまうのです。その一方（ナトリウム）はプラス（＋）電気をおびていて、他方（塩素）はマイナス（－）電気をおびています。つまり、もし食塩の分子というものがあるとすれば、このプラス電気をおびた粒とマイナス電気をおびた粒とが合わさって、それで食塩の分子となるわけですが、食塩を水にとかした場合、そういう分子ができずに、プラス・マイナス二種類の粒ができる

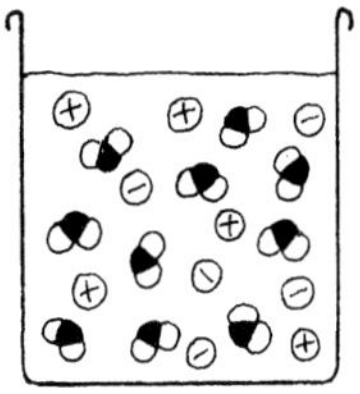

のです。

科学者たちは、このように「一つの分子になるはずのものが二種類の電気をおびた粒にわかれたもの」を「イオン」とよんでいます。そこで、食塩の場合、水にとけるとプラスイオンとマイナスイオンとにわかれるといいます。分子にしろイオンにしろ、とても小さいものです。そういう分子やイオンが水の分子とまじったもの、それが水溶液《すいようえき》というわけです。

分子やイオンの世界では、私たちがふだん見なれているものの世界とはちがった法則が支配することがあります。たとえば、水や砂糖水や食塩水には分子やイオンがぎっしりはいっているのに、光はすいすいとおりぬけてしまうこともその一つです。液体のなかの分子やイオンはとても小さくて、しかもいつもはげしく動いて、たえずぶつかりあってその向きをかえています。そして、電気的な力やその他の力でひっぱりあったり反発しあったりしているのです。だから、いちどとけた砂糖の分子や食塩のイオンは沈んでこないのです。

ものが水にとけるありさまや水溶液の性質をしらべると、直接、目に見ることのできない分子やイオンの性質もまちがいなくとらえることができるようになるのです。しかし、そういうくわしい話をすることはここでの主題ではありません。私たちは、私たち自身がかんたんにやってみることのできる実験をつうじて、もうすこし分子やイオンのおもしろい性質をみつけることにしましょう。そこで、つぎの問題を見てください。

とけきれなくなった分子やイオン

〔問題3〕

できるだけ濃《こ》い食塩水をつくって、いれものにふたをしないでおきます。こうすると、食塩水のなかの水分だけが蒸発《じょうはつ》してでていきます。このとき、食塩水にはどんな変化がおこると思いますか。

水がぜんぶ蒸発してしまったら、食塩だけが残ることはいうまでもないことです。問題は水がぜんぶ蒸発しきる前に、食塩水のなかになにか変化がおこるかということです。

この実験をやるためにできるだけ濃い食塩水をつくるには、つぎのようにするとかんたんです。水に食塩をすこし多めにいれてよくかきまわし、全部とけきれなくなったら、もうすこし水をまして全部とかしてしまうのです。こうして濃い食塩水をつくっておいて、そのなかの水が蒸発していくのをそのままにしておくと、一、二日のうちには、水の分量がはじめそのなかの食塩全部をとかしきれなかったときとおなじぐらいの量にへってしまうでしょう。そのとき、前には全部とけきれなかったはずの食塩はどうなるでしょうか。いちどとけてしまったのだから、水が全部なくなるまで、沈んででてくることはないでしょうか。

この実験はかんたんですし、その結果はじつにみごとですから、ぜひ、自分でもやってみるとよいと思います。

しだいに水がへってくると、とけきれなくなった食塩はだんだんとその姿をあらわすようになります。水が全部なくならなくても、食塩はでてくるのです。そのとき食塩は、はじめ水にとかしたときのような小さなザラザラとした粒のような形になってでてくるでしょうか。それとも、もっと小さい粒みたいになって下にたまるでしょうか。

じっさいにやってみると、食塩はふつうの食塩の粒よりもずっと大きい（一辺一〜五ミリメートルほど）きれいな結晶としてその姿をあらわしてくることがわかるでしょう。結晶というものはどんなものか知らない人でも、この自然の造形におどろいて、「そうか、結晶というのは、こうやって自然にできる角ばった規則正しい形のことをいうのか」と納得することにもなるでしょう。食塩水のなかに徐々《じょじょ》にできる食塩の結晶は、正方形（立方体）状で、すきとおって見えて、とてもきれいです。

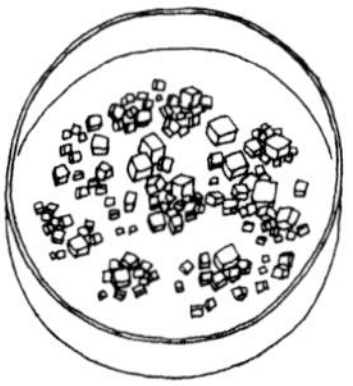

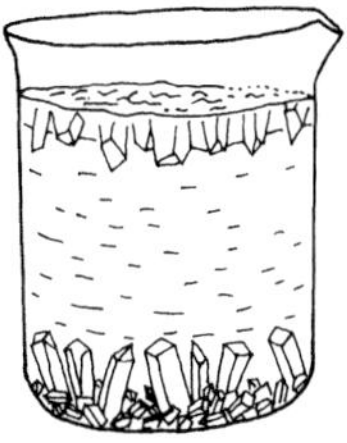

　このみごとな形はだれがつくったものでもありません。食塩水のなかにとけていた食塩のイオンがしぜんにきれいに整列してつくりあげたものです。たいていのイオンや分子にはしぜんにそういう規則正しい形にならぶ性質があるのです。

　この実験は、砂糖水でもかんたんにできます。砂糖は食塩とはちがう形の結晶になりますが、これもとてもきれいです。砂糖は一〇〇グラムの水に何百グラムというほどたくさんとけますが、温度が高いときほどたくさんとけるので、七〇～八〇度のお湯にできるだけたくさんの砂糖をとかし、砂糖水が自然にさめていくときにとけきれなくなってでてくる砂糖の結晶を見ればよいでしょう。水の中にとけていた砂糖の分子はそれこそすばらしいスピードできれいにならぶのです。

それなら、おなじお湯に食塩と砂糖の両方をできるだけたくさんとかして、自然に冷やして水を蒸発させたらどうでしょう。食塩の結晶と砂糖の結晶とがべつべつにできるでしょうか。それとも、いっしょくたにできるでしょうか。——水が少なくなって分子やイオンの移動がありできにくくなればべつですが、はじめは、はっきりと二種類の結晶がわかれて成長します。

私たちがかんたんにできる実験でも、分子やイオンの性質をときあかす手がかりはいくつもあるのです。

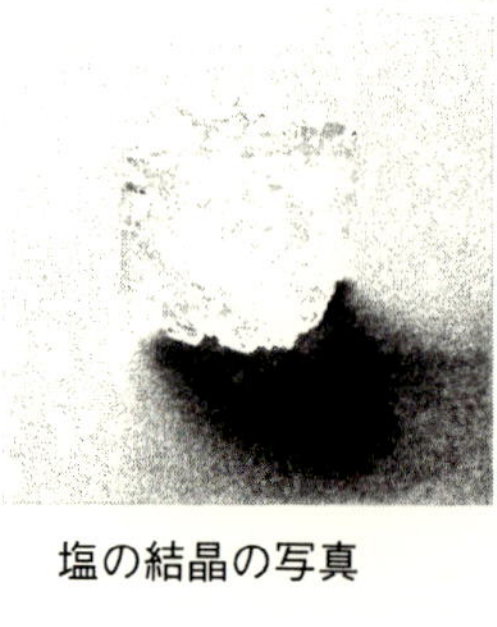

塩の結晶の写真

ベンジャミン・フランクリン
（1706年～1790年）

フランクリンの名は社会事業家・政治家としてもよく知られているが、彼はまた第一級の科学者でもあった。もっとも、彼は、大学などで科学を学ぶことはなかったし、大学の教授にもならなかった。

彼は、十四人兄弟の十二番目に生まれ、十二歳のとき、印刷屋の小僧《こぞう》となった。そこで、印刷機や本に興味をもち、やがて独立の印刷屋をはじめ、独学で科学を勉強した。そして、民衆に役だつ知識を本にして売りだし、民衆の科学知識を高めるために努力した。効率のよいストーブの作りかたや二焦点《にしょうてん》レンズなども発明して広めた。

タコをあげてカミナリの正体をつきとめた彼の実験は有名だが、いま、私たちが電気を＋（プラス）と－（マイナス）との二つにわけて呼んでいるのも、彼の考えがもとになっている。

第6話　空気の分子模型を手にとって——空気中の分子

原子とか分子、イオンなどというと、たいていの人は、「そんなこと、自分にはわかりっこない話だ」と思いこむようです。しかし、そういう人でも、地球のことならたいてい「そんなものなら自分だって知っている」と思っています。

地球といえば、だれだって子どもの机の上などにのっている地球儀を思いえがくことができます。じっさい、あの地球儀は実物そっくりにできています。ですから、地球儀を思いおこすことができれば、それで「地球については知っている」といってもよいわけです。

「だって、私たちは地球の上で生活しているんだもの。地球に親

しみがあるのはあたりまえでしょ」という人があるかもしれません。まったくそのとおりです。ちかごろは、特別な人でなくても、この地球をまたにかけて、国際観光としゃれこむ人がふえているようです。地球をぐるりとまわることを考えれば、地図なんかよりも地球儀のほうがよほど便利です。

地球儀と分子模型

しかし、考えてみてください。そんなことをいうなら、だれだって原子や分子、イオンといったものにも無関心ではいられないはずです。

第一、私たちのまわりのものはみんな原子・分子やイオンでできているのですから。いや、それだけではありません。私たちのからだだってそうです。「私たちがその上にのって生活している地球」と、「私たちのからだを含むすべてのものをつくっている原子（分子・イオン）」と、どちらが私たちにとって身近なものであるか、考えてみてください。

こういうと、こんなことをいう人がいるかもしれません。「だって原子や分子は小さくて見えないでしょ、地球とちがって」――あれれ、そうでしょうか。あなたは地球を見たことがあるんですか。この地面を指さして、「ほら、これが地球でしょ」といってもだめです。もしそんなことをいうのなら、私だって、そこらにあるものを指さして、「ほら、これが原子でしょ」といっていいことになりますから。

前にも書いたことですが、私たちは、地面を見ることはできても、ふつう、それが球形をしていることをじかに見ることはできないのです。広い海岸にでて遠い海のかなたを見渡すと、海のはてがなんとなく図1のようにまるく湾曲《わんきょく》しているように見えることがあります。そして、「わあ、やっぱり地球はまるいんだなあ」などと感激させられたりするものです。しかし、それは自己暗示《じこあんじ》にかかっているにすぎません。

そのことは、海のなかの小さな岩にのって、まわりをぐるりと見渡す場合を考えてみるとわかります。東をみても南をみても、どこも図1のように見えるとしたら、そのつなぎ目（図2）はどうなっているのですか。遠くのほうは一直線になっているからこそ、ぐるりと見渡すことができるの

図1

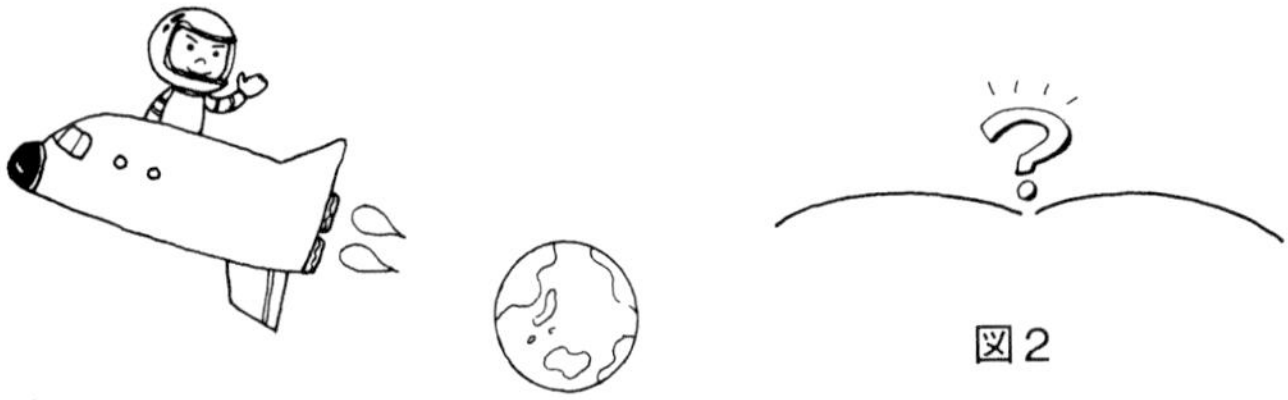

図2

です。一直線に見える遠いかなたをぐるりと見渡すと、なぜか、その直線がまるく感じられるだけなのです。

この地球がまるいことをじかに見るためには、宇宙船にでものって、地球のはるかかなたにでて、そこから地球をながめてみるよりほかありません。それができないかぎり、その写真か地球儀かで満足しなければならないのです。

原子や分子が見えないというのは、じつは地球が見えないのとおなじことです。「見えないからわかりにくい」といえば、それもおなじことです。地球のことは地球儀があるから想像しやすいというなら、分子のことも分子《ぶんし》模型《もけい》をもとにして考えればいいのです。

分子模型のむずかしさ

もっとも、分子模型といっても、わからないかもしれません。地球儀ならだれだって知っているのに、分子模型は知らないのがむしろふつうだからです。そこで、「分子模型を知らないから、分子のことも身近に感じられないのだ」といってよいのかもしれません。

じっさい、分子模型を手にすれば、原子や分子のこともかんたんにわかるようになるようです。私の家には分子模型がそこらにころがっていたりするので、幼稚園にいっている娘までが「あれ、ここに水〔の分子〕がおっこちてるよ」「これは酸素《さんそ》だね」などと教えてくれます。分子模型を手がかりにすれば、分子や原子だって身近な存在になりうるのです。

地球儀とくらべて分子模型のことがあまり知られていないのは、なにも分子模型が地球儀よりはるかにむずかしいためではありません。ただ、地球の発見よりも、分子の発見のほうが年代的にいってずっとあとになったので、なんとなく分子のほうがずっとむずかしいように思われるだけなのです。

もちろん、「分子がこんな形をしているというその証拠《しょうこ》」となれば、そうかんたんなことではありません。けれども、そういうことをいいだせば、地球儀だってそうやさしくはないのです。この大地が球状をしている地球の一部だという証拠をちゃんと説明できる小学生なんかほとんどいません。それでも、この大地が地球儀のような地球の一部であることは、たいていの子どもは小学校に入学する前から知っているのです。

地球儀と分子模型のむずかしさのちがい、それは「地球儀のことはふつう地理（社会科）の先生が教えることになってい るのに、分子模型のことは科学（理科）の先生が教える領分《りょうぶん》になっていて、分子模型のことは科学（理科）の先生が教えることによる」といってもよいでしょう。昔から、理科の先生は、あまりにも理屈《りくつ》を重んじすぎるものだから、結論をさきに教えることを嫌ってきたのです（〈人口密度〉ということばが理科の〈密度〉よりも先にでてくるのもおなじ事情です）。

それに、十九世紀の末から二十世紀のはじめにかけて――ちょうど学校教育が普及《ふきゅう》しはじめたころ、科学者のあいだに「目に見えない原子や分子などを信ずるのは非科学的だ」というまちがった考え方が流行しました。そこで、科学の教育者たちも分子模型を早くから教育にもちこむことに気おくれしてきたのです。

しかし、いまではそんな気おくれは無用です。いまでは、すべての地理学者が地球のことを信じているように、すべての科学者が原子・分子の実在に太鼓判《たいこばん》をおしてくれます。それに、その分子や原子のことは地球とおなじように、すべての人たちが知らずにはいられないような状況になっているのです。ですから、私は、これまでの伝統のカラをやぶって、はじめから分子模型のことを話題にしたいと思うのです。

分子模型の絵とその大きさ

分子模型の一つの例を絵にかいてお目にかけましょう。

これ（図3）は水の分子模型です。地球儀とくらべたら、まったくあっさりしたものです。丸い球が三つくっつきあった形をしているだけなのですから……。地球儀の場合、おなじ球でも、そのうえには日本列島だとかアジア大陸などがこと細かに印刷されています。しかし、分子模型の場合、そういうものはまるで不必要なのです。

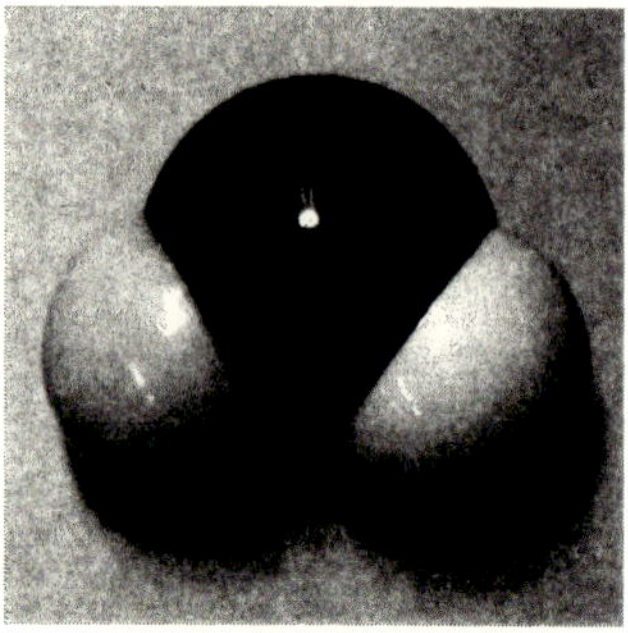

水の分子模型（写真）

ところで、地球はこの世に一つしかありませんから、その地球の模型である地球儀は一種類しかありません。縮尺《しゅくしゃく》や

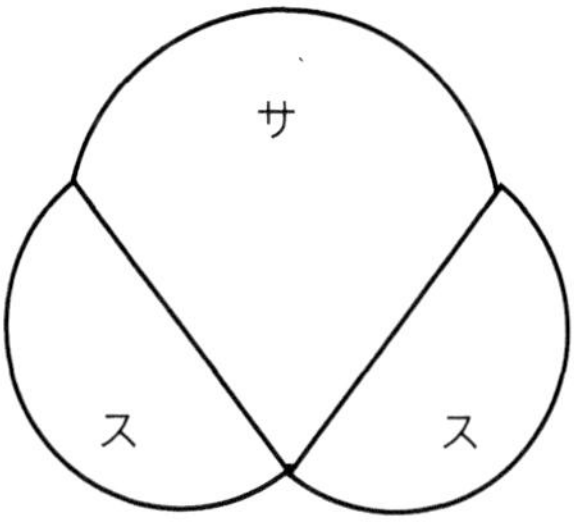

水の分子

図3

くわしさにちがいがあるだけです。ところが、分子の場合には、いろいろな種類の分子がありますから、分子模型といえば、かならず「○○の分子の模型」といわなければなりません。分子模型の場合は一つ一つがかんたんなかわりに種類が多いというわけです。

地球儀の場合、いろいろの国を色わけしてあらわしてあるのがふつうです。日本は赤、アメリカはピンク、カナダは緑などというぐあいです。それとおなじように、分子模型でも、分子をつくっている一つ一つの球——原子の種類を色わけしてあらわすのがふつうです。

たとえば、酸素原子は赤、水素原子は白、窒素原子は青、炭素原子は黒、硫黄原子は黄、といったぐあいです。どの原子はどの色ときまっているわけではありませんが、多くの人はこのような色を使います。もし手もとに色鉛筆があったら、水の分子の絵のまんなかの球を赤く塗りつぶしてみてください。それでふつうの水の分子模型の絵ができあがったことになります。（この本が図書館の本であっても、きれいに色をぬっておいてください。ほかの人のために役

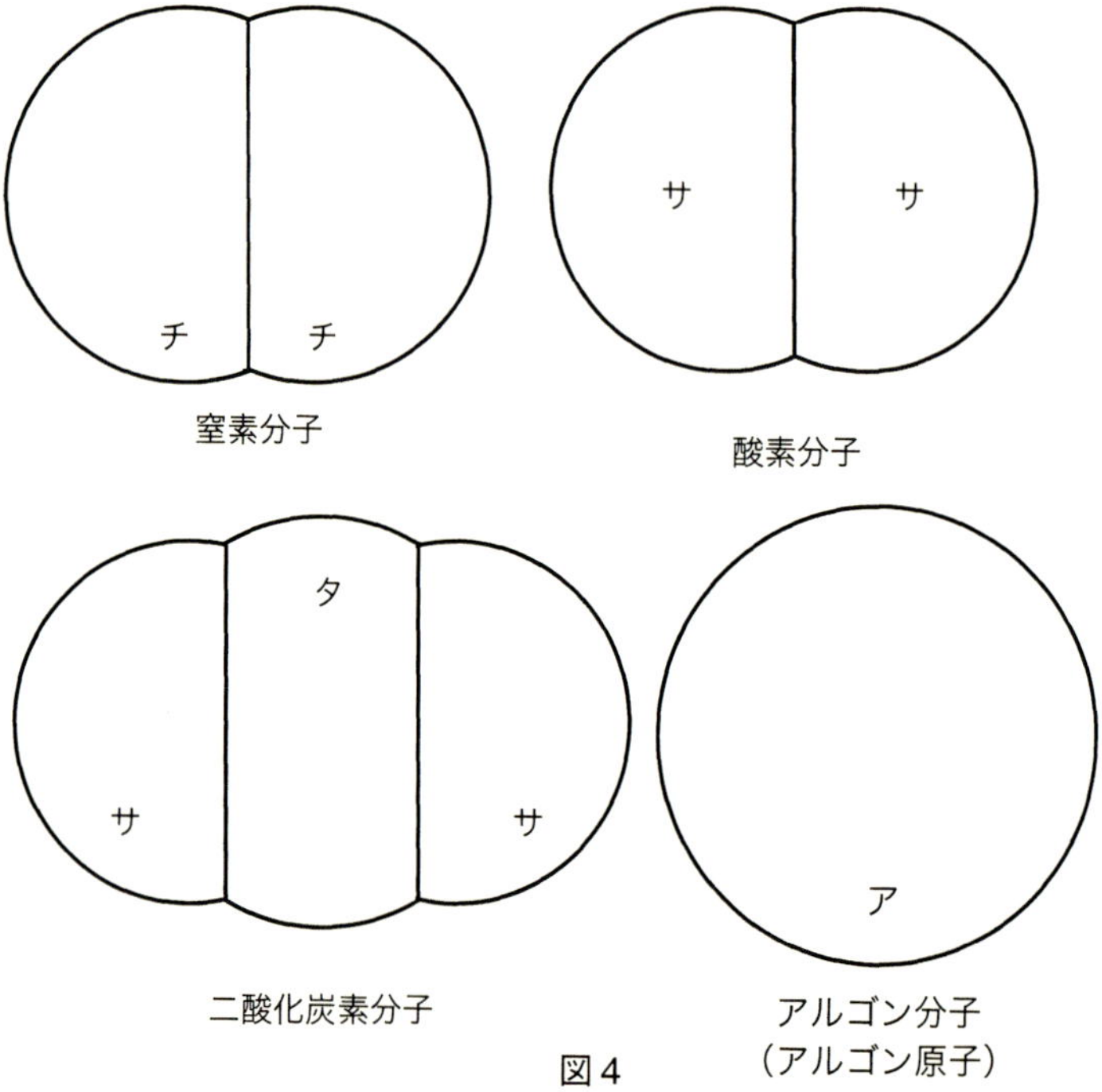

図4

立ちますから。本に書きこみをするのは悪いこととはかぎらないのです）

図4は私たちのまわりの空気中にふつう含まれている分子模型の絵です。絵のなかにチ、サ、タ、アとあるのは、それぞれ、窒素《ちっそ》原子、酸素《さんそ》原子、炭素《たんそ》原子、アルゴン原子を示しています。これも、チ……青、サ……赤、タ……黒、ア……茶などに色わけしてみてください。

ところで、図3と図4に示

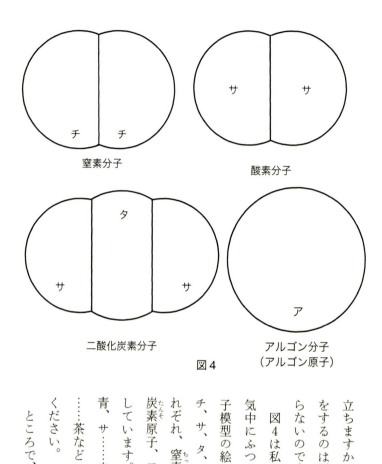

した分子模型の絵は、この本の挿図としてはやや不相応なほど大きく書いてあります。これはなにも色を塗っていただくのに便利なようにというので大きくしたわけではありません。じつはこの大きさには意味があるのです。

というのは、この大きさは、ちょうど実物の一億倍の大きさになっているからです。この半分の大きさに書けば、五千万倍ということになるわけですが、ちょうど一億倍にしたほうがおぼえやすいので、わざわざこの大きさにしたのです。

一億倍といってもあまりピンとこないかもしれません。そこで、また地球儀の例をひきあいにだしましょう。手もとにコンパスがあったら、このページの上にでも、うすく、直径十三センチメートルほどの円を描いてみてください。その大きさの地球儀があったら、それは実際の地球の大きさのちょうど一億分の一の大きさになっているのです。じつは、この本の表紙にでている絵が、そのちょうど一億分の一の地球と一億倍の水の分子の模型なのです。

つまり、地球の大きさを一億分の一ぐらいに縮《ちぢ》めると、ふつうの卓上《たくじょう》地球儀ぐらいの大きさになり、水の分子や酸素の分子の大きさを一億倍ぐらいにすると、図3や図4に描いた分子模型ぐらいの大きさになるわけです。とすると、私たちがふだん扱いなれている茶碗《ちゃわん》や野球のボールなどの大きさは、酸素分子や水の分子の数億倍で、地球の数億分の一の大きさということになります。原子・分子と地球とは、その大きさからいって、私たちからおなじくらいのへだたりをもっているわけです。これは偶然《ぐうぜん》とはいえ、たいへんおもしろいことといえるでしょう。

科学者たちは、地球の大きさとおなじように、原子や分子の大きさのこともずいぶん正確につきとめています。分子のなかで二つの球(原子)がどのくらいはなれて結びついているかということも、三つの原子の中心がどのような角度でならんでいるかということも、つきとめているのです。

さきにあげた分子模型の絵でも、二酸化炭素分子の場合は三つの原子が一直線にならんでいるのに、水の

---

* 分子模型や地球儀がほんものの一億倍だとか，一億分の一だとかいうのは，直径についてのことです。そこで，体積でいうと，分子模型は実際の分子の大きさの１億×１億×１億倍，つまり，10000,0000,0000,0000,0000,0000（０が $4\times6=24$ 個）つまり，1×10^{24} 倍もあるということになります。地球儀の体積はほんものの $10\times$〈10^{24} 分の 1〉というわけです。(本書では，数字を四桁区切りにしています。外国の数字は三桁区切りにしたほうが読みやすく便利なので貿易などのときには三桁区切りにしたほうがよいのですが，日本語で大きな数を読むには四桁区切りにしたほうが便利です)

分子の場合はまがっています。これもでたらめに書いたのではありません。水の分子の場合、まんなかの酸素原子の中心と二つの水素原子の中心とを結んだ直線が一〇四・五度の角度になっていることまでもたしかめられているのです。

空気中の分子とその数

これまで例にとった分子模型は、どれもみな球（原子）がせいぜい三個ぐらいしかくっつきあっていない、たいへんかんたんなものばかりです。もちろん、このほかに、もっとたくさんの原子が複雑にくっつきあっている分子もたくさんあります。たとえば、砂糖の分子は炭素原子十二個、酸素原子十一個、水素原子二十二個の合計四十五個もの原子がくっつきあってできています。プラスチックなどの高分子化合物といわれるものになると、数百、数千個以上もの原子からできているのです。

しかし、ここではなにもそういう複雑な分子の例をひきあいにだす必要はないでしょう。私たちになじみ深いものには、かんたんな分子からなるものがたくさんあるからです。じっさい、

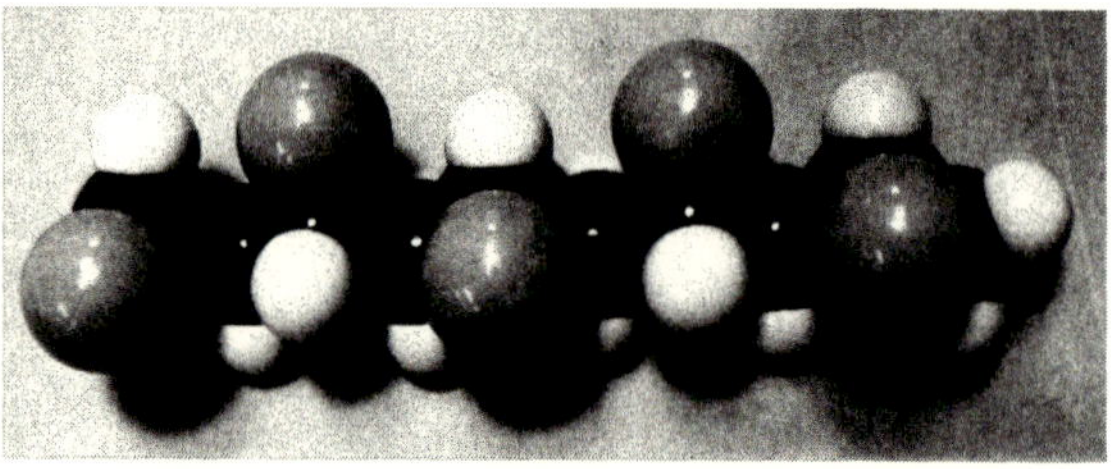

ポリ塩化ビニルの分子模型（この分子がたくさんつながっている）

私たちのまわりにある空気中に含まれている分子となると、みな数少ない原子でできている分子ばかりです。たくさんの原子がくっつきあった分子では、そうかんたんに空間をとびまわれないので、ふだん気体になる分子というと、みな原子の数が少ないものにかぎられてくるのです。

そこで、原子や分子についてたしかなイメージをつくるには、気体の分子に目をつけるのがいちばんです。じっさい、科学の歴史のうえでも、科学者たちは気体の研究をつうじてはじめて原子や分子の研究に成功することができました。そこで、私たちも、まず、気体の分子についてたしかなイメージがいだけるようになればよいと思うのです。

さて、気体の分子について知らない人でも、たいていの人は、空気の成分のことは、小学校以来、教わっておぼえています。「空気は窒素《ちっそ》ガスと酸素《さんそ》ガスとの混合物で、その割合はほぼ四対一」というのです。このほか、空気中には、二酸化炭素《にさんかたんそ》（昔は炭酸ガスとよんだ）や水蒸気が含まれていることも、みんな知っているといってよいでしょう。
これを分子のイメージを使って考えると、こういうことになります。空気中には窒素分子と酸素分子と二酸化炭素分子と水の分子とがあるというわけです。水蒸気というのは水が蒸発して気体になった――つまり、水の分子がバラバラになってとびはねているものですから、「水蒸気の分子」というのは「水の分子」とおなじことです。
さて、それなら空気中には、あらゆる分子を合わせておよそどのくらいの数があると考えたらよいでしょうか。一センチメートル四方――つまり一立方センチメートルの空気について考えてみましょう。空気中はすきまだらけ、というわけですから、一立方センチメートル中にせいぜい二～三個ぐらいと考えればよいでしょうか。いや、分子はものすごく小さいのだから、もっとずっと、――数百個、数千個、数万個もあると考えたらよいでしょうか。
空気中、一立方センチメートルにある分子の数、それは数千個とか数万個どころか、それよりはるかにたくさんあります。およそ、
3000,0000,0000,0000,0000 個
もあるのです。3のあとに0が十九個もつく数です。0が四個で万、八個で億《おく》、十二個で兆《ちょう》、

十六個で京《けい》ですから、この数は三千京《けい》ということになります。ふつうの人が知っている数の呼び名は京まででしょうから、やっとのことで呼ぶことのできる数というわけです。

しかし、こういうたくさんの数は読むのがたいへんなので、科学者たちは読み方を簡単にする工夫をしています。たとえば、この数を3×10^{19}と書いて「三かける十の十九乗《じょう》」と読むのです。3×10^{3}（三かける十の三乗）なら、$3 \times 10 \times 10 \times 10$で3000になるように、$3 \times 10^{19}$なら3のあとに0が十九個つくことになります。こういう数の呼び方をつかえば、どんなたくさんの数でもまちがいなく、簡単に書いたり読んだりすることができます。

一立方センチメートル中に3×10^{19}というほどたくさんの数の分子があったら、分子でぎゅうぎゅうづめになってしまうだろう、とも思われますが、そんなことはありません。これでもまだすきまだらけで、分子は自由にとびまわることができるのです。もし、これらの空気中の分子をぎっしりおしつめたとしたら、気体のときに占めていた体積の数千分の一の体積にへってしまうことでしょう。それほど分子というのは小さいということもできるわけです。

すぎたるはおよばざるが如《ごと》し

ところで、地球の形とか分子の模型などを話題にすると、きまって、やたらにむずかしく考えて、いろいろと難題《なんだい》をふっかける人がいるものです。多くの人は、ふだんは考えにいれなくてもよいようなよけいな知識をもっているばっかりに、やたらにむずかしく考えてしまうのです。

たとえば、地球儀を見て、「ほんとうの地球は赤道半径《せきどうはんけい》のほうが極半径《きょくはんけい》より長くて、南北からすこしおしつぶしたような形をしているはずなのに、この地球儀はまんまるにつくってあるから不正確だ」と考えたりする人がいます。また、「じっさいの地球上には山や海溝《かいこう》があって、ずいぶん凸凹《でこぼこ》しているはずなのに、この地球儀はその凸凹《でこぼこ》を無視してあるから不正確だ」と考える人もいます。

こんなことを考えるのはよほどの「ひねくれもの」で、ふだん、そんなことは考えてもみないのがふつうでしょうが、だれかからあらためてそんなことを問題にされると、「それもそうだ」と思いこんでしまう人がすくなくないようです。

しかし、もしもそう思ったら、ぜひとも、地球の一億分の一の模型をつくるとして、赤道半径と極半径とをどのくらいかえたらよいか計算してみることをおすすめします。また、エベレスト山（チョモランマ）や日本海溝《かいこう》は本来ならどのくらいの凹凸《でこぼこ》としてあらわさなければならないかも計算してみるとよいでしょう。

では、ここで、すこし脱線して計算してみましょう。エベレスト山の高さは高度約九〇〇〇メートルです。日本海溝のいちばん深いところは約一、〇〇〇〇メートルだそうです。これを一億分の一にしたら、九〇〇〇メートル＝九〇〇、〇〇〇〇ミリメートルを一億（一、〇〇〇〇、〇〇〇〇）でわって〇・〇九ミリメートル、一、〇〇〇〇メートル＝一〇〇〇、〇〇〇〇ミリメートルを一億（一、〇〇〇〇、〇〇〇〇）でわって〇・一ミリメートルとなり、それぞれ約〇・一ミリメートルということになってしまいます。つまり、エベレスト山や日本海溝の凹凸など、紙の厚さほどのちがいもないのです。そこで、じっさい上、地球儀は凹凸なくつくるのがもっとも正確だということになるのです。

分子模型の場合には、もっといろいろな疑問・難題がよせられます。

たとえば、ある人はこういいます。「原子といったって大きさのきまったものではないんじゃないか。原子の中心にある原子核《げんしかく》はうんと小さいし、そのまわりにあるのは卵の殻《から》のようにかたいものではなくて、なん個かの電子がまわっているだけなのだから、原子の大きさをきまった大きさの球であらわすのはインチキだ」というのです。

しかし、それは考えすぎというものです。分子の大きさは、二つの気体分子が衝突《しょうとつ》するとき、どのくらいの距離ではねかえるかということをしらべることによって、ちゃんと測定できます。この分子模型の大きさもそれにあわせてできているので正確なのです。

もっとも、分子模型にせよ、地球儀にせよ、模型をつくるのは、それをもとにしてほんとうの分子や地球のことがよりよく理解できるようになるためです。ですから、目的によってはいろいろちがった種類の模型をつくることも意味のあることです。

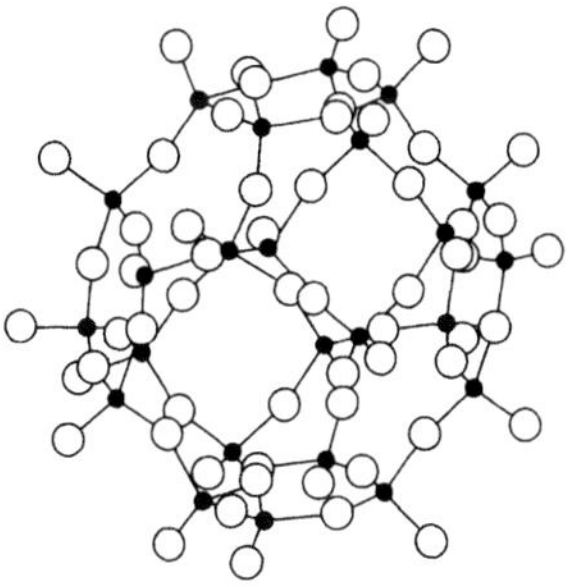

たとえば、たくさんの原子が複雑に結びつきあっている分子や結晶の構造を見やすくするためには、原子の位置関係がすきとおって見えるようにしたほうがよい、ということもあります。そんなときには、中心の原子核の位置で原子全体を代表させて、ガイコツのように中のほうがよくのぞける分子模型（上図参照）をつくったほうが便利です。しかし、原子や分子というものの全

体の形や大きさについてイメージをつくるためには、これまで紹介してきたような分子模型（これを実体積模型とかスチュアートタイプの（スチュアートさんが考案した）模型とかいうことがあります）がいちばん正確でまちがいないものだということはたしかなことなのです。

空気中の分子の種類別内訳――PPM《ピーピーエム》とPPB《ピーピービー》

さて、一立方センチメートル中に3×10^{19}（もうすこしくわしくいうと、2.7×10^{19}）個もある分子の数を種類わけしてみたらどういうことになるでしょうか。

窒素《ちっそ》分子と酸素《さんそ》分子とは四対一の割合になっているということはよく知られていることなので、そのほかの分子のことを見てみましょう。

「人間は空気中の酸素を吸って二酸化炭素をはきだす」ということですから、空気中には二酸化炭素がふくまれているはずです。いったい、ふつうの空気中や人間がはきだす呼気《こき》のなかには、二酸化炭素がどのくらいふくまれているのでしょうか。

手もとにある資料によると、ふつうの空気中にふくまれている二酸化炭素は約〇・〇三パーセントで、口からはきだす息のなかのそれは、約四パーセントだということです。口からはきだす息のなかの酸素は二〇パーセントですから、一回の呼吸で酸素のうち五分の一ほどが二酸化炭素によっておきかえられるというわけです。

空気中には酸素・窒素・二酸化炭素のほかに水蒸気がふくまれていますが、この水蒸気——水の分子の数はそのときの温度と湿度によっていちじるしくちがいます。たとえば、気温が三〇度で湿度が七〇パーセントのときには、水の分子が空気中の分子総数の三パーセントぐらい——およそ8×10^{17}個ぐらいありますが、気温が一〇度で湿度が三〇パーセントなら分子総数の〇・四パーセントぐらいです。

多くの人は教わってもすぐに忘れてしまいますが、ふつうの空気中には、窒素分子と酸素分子のほかに、二酸化炭素や水の分子よりももっとたくさんふくまれている分子があります。前にでてきたアルゴン分子＝アルゴン原子です。アルゴン原子はほかの原子と結合することはありません。だから、アルゴン分子はいつも原子一個でとびまわっています。このアルゴン分子は空気中に一パーセントぐらいふくまれているのです。

これまででてきた分子は、大昔から地球上の空気に含まれていたもので、空気中にあっても、私たちの生命にとって有害《ゆうがい》だということはありません。しかし、工業が発達するにつれて、私たちのまわりの空気には、私たちの生命をおびやかす有害な分子がたくさんばらまかれるようになりました。亜硫酸《ありゅうさん》ガス・二酸化窒素《にさんかちっそ》・硫化水素《りゅうかすいそ》・一酸化炭素《いっさんかたんそ》などの分子です。これらの有害分子が空気中にどれほどあるかという量は、ふつうPPM《ピーピーエム》とかPPB《ピーピービー》とかいう単位であらわされます。

PPMとかPPBとかいう単位をみると、すぐに公害《こうがい》のことが思いだされます。新聞の公害関係の記事にはきまってこれらの文字がでてくるからですが、たいていの人はこういう記号がでてくると、もう煙《けむり》にまかれたような気分になるようです。しかし、PPMやPPBという単位だけで煙にまかれるのは、はやすぎます。

PPMやPPBというのはそれぞれ英語の parts per million（百万分の一）、parts per billion（十億分の一）の頭文字をとったものです。これは、百分の一のことをパーセント（parts per cent）と呼ぶのとおなじことです（cent＝百）。パーセントの場合にはPPCと書かずに「％」という記号を用いるわけですが、「百万分の一」「十億分の一」の場合には〈PPM〉〈PPB〉という記号を用いるわけです。

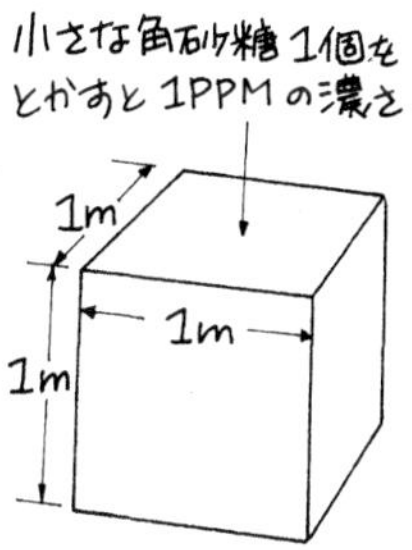

一PPMは百万分の一、一PPBは十億分の一というのですから、割合としてはとても小さな量です。そんなわずかな量で公害だなんだかんだといって大さわぎするのは神経質《しんけいしつ》すぎるように思われるかもしれません。しかし、原子や分子を問題にするときは、PPMとかPPBとかいう単位もけっしてバカにできるほど小さな量ではないのです。

たとえば、「たて・よこ・高さとも一メートルの水槽」に水がいっぱいはいっているとしましょう。この重さは一トン、つまり、一〇〇〇、〇〇〇グラム（＝10^6g）です。このなかに一グラム、「水の体積にして一立方センチメートルの毒薬」をいれたとしたら、その毒薬の濃さは一PPM（百万分の一）ということになるのです。

分子の数で考えてみましょう。さきにいったように体積一立方センチメートルの空気中には総数で2.7×10^{19}個もの分子があります。この一PPM、つまり、百万分の一というとどれだけになるか計算してみてください。

そうです。2.7×10^{13}個です。一PPB、つまり、十億分の一ならどうでしょう。一PPBでも2.7×10^{10}、つまり、二千七百億個です。空気中に一ＰＰＢの有毒《ゆうどく》ガスがあるということは空気一立方センチメートル中に二千七百億個もの有毒ガスがあるということになるのです。

これは、私たちが「公定歩合《こうていぶあい》が○・一パーセントあがった」とか「さがった」という記事をみてピンとこないのとおなじようなものです。私たちが貯金《ちょきん》するような十万円といった金額の○・一パーセントといえば、わずか百円ですから、○・一パーセントなどたいした額ではないように思えます。しかし、他人の金をなん百億円、なん千億円と動かす人からみれば、一千億円の○・一パーセントは一億円なのですから、たいへんなものです。割合としてはおなじでも、全体の量がまさにけたちがいにかわってくると、そこに新しい世界が開けてくることに注意しなくてはなりません。

原子・分子の時代、公害の時代には、ＰＰＭとかＰＰＢとかいったほんの小さな割合にみえるものも、視点をかえれば、おどろくほど膨大《ぼうだい》な量として浮かびあがってくることに注意しなくてはいけないのです。

宇宙船「地球」号の上の空気と水

ＰＰＭとか公害とかいった話題がでてきたついでに、ここで、私たちがのっている宇宙船「地球」号につみこまれている空気と水のことについて考えてみることにしましょう。

まず、地球を宇宙船にみたてるために、宇宙船「地球」号の模型をつくって考えてみましょう。ふつうの地球儀ではすこし小さすぎますから、もうすこし大きい模型をつくりましょう。

私たちが学校でよく使うのは気象《きしょう》観測《かんそく》用の気球でつくった風船です。これを直径一・三メートルの大きさにふくらませます。

直径一メートル三〇センチの風船というのは、じっさいにつくってみると、すごく大きく感じられます。直径一メートル三〇センチの風船をみると、たいていの人は「ワァー、大きい。直径が二メートルもあるかしら」などと思ってしまいます。小さな子どもなら、なん人もはいれそうな大きさです。宇宙船「地球」号の模型としては、このくらい大きければいいでしょう。この模型はほんものの一千万分の一の大きさということになります。

さて、宇宙船で旅にでるときに、まっさきにつみこまなければならないのは空気と水ですが、この宇宙船「地球」号には、空気や水がどれほどつんであるでしょうか、ひとつ想像してみてください。

もっとも、空気といっても、上空になるにしたがってだんだん薄《うす》くなっているわけで、どの高さまで空気があるなどとはいえません。そこで、人間がやっとのことで呼吸できるぐらいの濃《こ》さの空気だけを問題にすることにしたらどうでしょう。

直径一・三メートルの大きな宇宙船「地球」号の場合だったら、その表面からなんセンチメートルぐらいのところまで空気があることになるでしょうか。一〇センチメートルぐらい？ それとも、それよりずっとたくさん？ いや、もっとずっとすくなくて一センチメートルぐらいでしょうか。

ひとつ計算してみることにしましょう。人間は数千メートルのぼると、空気が薄いために、呼吸困難《こきゅうこんなん》となります。ですから、いくら多く見積《みつ》ったとしても、空気は高度一万メートルぐらいのところどまりです。そこで、その一万メートルを模型の縮尺の一千万分の一にしたらどうなるでしょう。一万メートル＝一千万ミリメートルの千万分の一ですから、ちょうど一ミリメートルということになります。つまり、直径一・三メートルの宇宙船「地球」号につみこまれている空気は、その表面上に、せいぜい厚さ一ミリメートル分ぐらいしかないのです。大きな風船をおおっているほこりぐらいの空気がウスーくつみこまれているにすぎない、というわけです。

考えようによっては、地球上には空気が無限《むげん》にあるようにも思えます。しかし、こうして考えてみると、地球上には、なんとすこしの空気しかないのでしょう。いったい、私たちはどちらの考えをとったらよいのでしょうか。

じつは、私たち人間が一つの町や村のなかでだけ生活して、地球がまるいなどということが問題にならなかった時代には、空気は無限といえるほどたくさんあると考えていてよかったのです。しかし、私たち人間がジェット旅客機で地球をまたにかけて世界旅行をするような時代になってみると、空気はほんのすこししかないと考えないわけにはいかなくなってきたのです。

私たちは、ついこのあいだまで、「空気は無限にある」と考えてよい時代に生きているつもりだったのに、いつのまにか、「空気は地球の表面にウスーくはりついているだけだ」と考えなければならない時代に生きるようになっているのです。じっさい、ジェット機が一瞬《いっしゅん》のうちに消費したり汚したりする空気の量は、私たち一人一人の人間が呼吸している空気の量とくらべものにならないほど、膨大《ぼうだい》な量になっています。近ごろ、大きな問題になってきている大気汚染《たいきおせん》の問題はこういう視野のもとで考えてみなければならないのです。

宇宙船「地球」号につみこまれている水の量、それは空気よりももっとわずかです。海の深さは平均四千メートルだそうですから、私たちの模型だと、わずか〇・四ミリメートルの厚さの水がつみこまれているにすぎないことになります。直径一・三メートルの風船をぬれ雑巾でふいたとき、風船の上に残った水分、それがこの宇宙船「地球」号にたくわえられているすべての水の量だということになるのです。そんなにわずかしかない水を汚《よご》してしまったら、宇宙船「地球」号の乗客はどのようにして生きながらえることができるでしょうか。

私たちは、私たちの目で直接見ることのできない地球についても、こうやって視野広く考えなおすことが、いまやどうしても必要になってきているのです。

アントワーヌ・ラボアジェ
（1743年〜1794年）

ラボアジェは、化学をはじめて体系的な学問のかたちにまとめあげることに成功した。

彼は、フランスの金持ちの家庭に生まれて、教育にもめぐまれた。彼は、自宅に立派な実験室を作って、そこで研究した。

「ものが燃えるのは、熱せられたものが空気中の酸素と結びついて、さらに熱をだすからだ」ということをはじめて明らかにしたのは彼である。また彼は、動物の呼吸も、ものが燃えるのとおなじで、からだのなかでものを燃やして、それを生命活動のもとにしている、ということを明らかにした。

そうした仕事のいっぽう、生活のために政府のかわりに税金をとりたてる仕事に手をだした。

ところが、それからまもなくフランス大革命がおこり、彼は人民の敵として処刑《しょけい》されてしまった。

第7話　科学と仮説と立場――原子論と重さ

前の章はいささかおしつけじみた話になってしまいました。読者自身が理論的・実験的に十分納得のいくような説明なしに、原子や分子の大きさや形についての知識を一方的に提供してしまう結果になってしまったからです。そこで、もういちど話をもどして、読者のかた自身が自分で実験してたしかめられるようなことを素材にして、原子や分子の世界のことを想像してみることにしましょう。原子のもっとも基本的な性質、重さに関する問題を考えようというのです。

原子論と反原子論

原子や分子は目に見ることができません。ですから、昔から科学者のあいだでも、そんなものの存在を仮定《かてい》して科学を研究するのは非科学的だ、と主張する人びとがありました。見えもしない原子や分子の存在を信ずるのは、ありもしない幽霊《ゆうれい》やカッパの存在を信ずるのとおなじようなものだ、というのです。

とくに十九世紀（一八〇〇年代）の末には、そういう反原子論《はんげんしろん》の考え方が学界のなかでかなり大きな勢力を占《し》めました。ところが、原子論者たちも負けてはいませんでした。原子論者たちは原子や分子の存在を仮定して研究をすすめると、さまざまな現象がとてもうまく説明できるだけではなく、これまで気がつかなかった事柄まで予言できるようになると主張し、「原子や分子の存在することはたしかなことだ」と反論したのです。

そこで、科学の教科書の筆者《ひっしゃ》たちはしばしば当惑《とうわく》してしまいました。原子論者の主張するように教科書を書けば、反原子論の科学者たちから、「これは非科学的な教科書だ」といって批判されてしまうし、さりとて、反原子論者の主張だけをとりいれて教科書を書けば、「どうしてこの教科書には原子や分子のことがでてこないのだ」と批判されることになってしまいます。

よく、「自然科学上の真理は一つで、その立場によって変わることはない」などといわれますが、自然科学でもことはそうかんたんではないのです。最近では、公害の原因について科学者のあいだに相対立《あいたいりつ》する主張のあることが新聞紙上などにものりますが、原子や分子の存在についても科学者たちのあいだにはげしい対立があったのです。

こういう場合、教科書にはどう書いたらよいのでしょうか。「これについてはA説とB説とがある」と書くのも一法《いっぽう》です。ところが、原子や分子が実在するものかどうかということは科学のもっとも基礎的な問題なので、これについて二つの説を書いたら、以下すべて二つの説を書かなければならなくなり、二冊の教科書を教えるのとおなじことになりかねません。そこで、多くの教科書の筆者たちは二つの主張を妥協《だきょう》させようと考えました。

たとえば、「原子や分子の存在を仮定すると、いろいろな現象を説明するのに都合《つごう》がよいことがある」と教えることにしたのです。また、「温度と圧力がおなじなら、どんな種類の気体でも、おなじ体積中におなじ数の分子を含んでいる」というアボガドロの法則を、「法則」とは教えずに、「アボガドロの仮説」と教えることにもしました。

こういえば、原子や分子が実在するかどうかについては判断を保留《ほりゅう》しておいて、原子や分子のことを説明することができるというわけです。しかし、こういう表現は、原子や分子の存在を疑わしいものとして扱っているので、原子や分子の実在を認める人の立場からするとまったく不当な表現ということになります。

ところが、こういう表現や考え方は、原子・分子の存在が否定しえないほどたしかになっている今日でも、その尾をひいています。小・中学校の理科の教科書や参考書などには、原子・分子の存在をたしかなこととせずに、「原子や分子を考えると、いろいろなことを説明するのに便利だ」というにとどめていたり、あいかわらず、「アボガドロの法則」を「仮説」と呼んでいたりします。

反原子論の旗を高くかかげていた科学者たちですら、原子や分子の実在を認めざるをえなくなったのは二十世紀（一九〇〇年代）初頭《しょとう》のことです。いまから百年ほどまえから、すべての科学者が原子の存在を認めるようになっているのです。それなのに理科教育の世界ではいぜんとして古いことばや考え方が生きているのです。

これは、あたかも、未だに〈地球説〉を教えしぶるようなものといえるでしょう。マジェランがはじめて地球を一周して帰ってきた（一五二二年）というのに、「この大地はまるい球のようなものだと考えると、いろいろ都合のよいことがある」とか「コロンブスの地球の仮説」とかいうだけで、この大地はほんとうは球状なのだということをはっきり教えるのをしぶるのとよく似ています。

真理と仮説とは科学者の立場によって変わることがある

科学上の学説というものは、最終的にはすべての人びとが納得せざるをえないような証拠《しょうこ》をととのえて、はじめて真理ということができます。すべての人びとを納得させるにたるような証拠がととのわない段階では、その学説は「仮《かり》の説」、つまり仮説《かせつ》というわけです。

ところが、公害病の例を見てもわかるように、その学説を認めるか否《いな》かがある人びとの利害を大きく左右すると思われているときには、ありとあらゆる文句《もんく》をつけて、その学説の正しさを認めようとしない人びとがでてくるものです。一九六〇年代に大きな社会問題となったイタイイタイ病にしても、水俣病《みなまたびょう》にしても、その原因は十〜二十年も前からほとんど確実にわかっていたのに、企業側の科学者たちは、ありとあらゆる文句をつけて、それを否認しようとしてきたのです。

原子論や地球説の場合にも、それとよく似た事情がありました。地球説も原子・分子論も、それがすべての知識人・科学者に認められるようになったのは、十六世紀や二十世紀になってからのことです。しかし、地球説や原子論そのものはそれよりも二千年以上前から提出されていたのです。

たとえば、紀元前四世紀の大哲学者アリストテレスは、この大地がまるい球であることを十分に承知していました。アリストテレスはいまの小学校のたいていの先生よりももっと正確な理由をあげて、この大地が球状《きゅうじょう》のものだということを証明することができたのです。ところが、その後の宗教的偏見《しゅうきょうてきへんけん》――すべてを聖書にもとづいて理解しようとする宗教的な考え方がこの地球説の普及をさまたげ、その結果、コロンブスの航海《こうかい》計画も嘲笑《ちょうしょう》されることになったのです。

原子論は、地球説を認めたアリストテレスよりもさらに前から唱《とな》えられていました。ところが、これは、「あまりにも機械論的な考え方だ」というので、アリストテレスにも警戒《けいかい》され、宗教的・思想的に危険視《きけんし》されて抑圧《よくあつ》されました。

しかし、十六世紀には、その原子論も復活することになり、近代科学の研究をおしすすめる基本的な考え方を提供することになりました。そして、十七〜十八世紀には、ほとんどすべての科学者は原子（または分子）の存在を当然のこととして認めるようになったのです。

ところが、アリストテレスの古い思想体系にかわる近代科学をうちたてようとするたくましい研究意欲がおとろえはじめ、科学者たちが資本主義社会のなかに安住《あんじゅう》しだすようになると、科学者のなかでふたたび原子・分子論のもつ思想的危険性が感づかれはじめるようになりました。

なぜなら、原子論というのは、目に見えない原子や分子の相互作用や動きをもとにしてさまざまな物理現象や化学現象を説明しようとするので、唯物論的《ゆいぶつろんてき》な考え方につうじることになり、保守的な人びとからは危険視されることになるのです。そこで、ふたたび原子・分子論的な考え方に対する批判がおきるようになり、「目に見えないような原子や分子の存在を仮定するのは非科学的だ」といわれるようになったのです。

ですから、「二十世紀になって、それまで原子論に反対していた人びとまでが原子や分子の存在を認めるようになったときはじめて原子論が仮説から真理になった」とは、簡単にいうことはできません。それは、日本チッソの経営陣《けいえいじん》やその御用学者《ごようがくしゃ》たちが「水俣病《みなまた》の原因は水俣工場の工業廃水にある」ということを認めざるをえなくなったときになってはじめて、水俣病の公害説が仮説から真理になったとはいえないのとおなじことです。

利害にとらわれない人ならだれでも水俣病公害説を納得するにたるような証拠は、ずっとまえから整《ととの》っていたのです。おなじように、ことさら機械論的・唯物論的《ゆいぶつろんてき》な考え方を嫌う人でなければ、原子・分子論的な考え方の正しさを納得するにたるような証拠は、二十世紀よりずっと以前からそろっていたのです。

科学上の発見・新学説というものは、それがこれまでの学説の延長上にかんたんに位置づくものであれば、さしたる反対もなく、かんたんに学界のなかにうけいれられます。ところが、それがこれまでの学説で予想されたことの幅を大きくこえるときには、それをうけいれまいとする大きな反発がおこります。ですから、それが革命的な発見・新学説であればあるほど、それがうけいれられるのに時間がかかります。

そういうときには、古い学問・学説についてあまりにもよく知っている人たちは、それにとらわれがちで、新しい学説をうけいれるのにかえって強い抵抗を示すことにもなります。

ですから、公害病のような場合にも、しろうとより専門の科学者のほうが、かえって「つまらない偏見《へんけん》に束縛《そくばく》される」というようなことにもなるのです。専門バカといって、ある専門だけに頭をつっこんでいるためにかえってとんでもないまちがいをおかしたり、専門家であるがためにかえって自分の利害をもとにして行動する人がすくなくないことに用心しなくてはなりません。自分がしろうとだからといって、なんでもかでも専門家にまかせるのは危険なのです。

すこし余談になりますが、最近では、念力だとか超能力とかといってさわぎたてる人たちは、「科学者がまともにこの問題を扱ってくれない」ことに非をならし、自分たちの考えがさも革命的な新発見・新学説であるかのようにいっていますが、これはちがいます。念力だとか超能力とかの考え方は大昔からあって、姿をかえ、形をかえてでてきているのにすぎません。近代科学はそういうゴマカシと妄想《もうそう》とのたたかいのなかから生まれてきたのです。そういう考えのまちがいはすでに克服《こくふく》ずみだから、テレビショーやゴマカシで人の心を動かしてたのしんだり、儲けたりしている人たちとまともにつき合わないのです。もっとも、科学者といわれる人のなかにも、おかしな妄想にとりつかれている人がいることもたしかです。

古代の原子論の根拠

原子論がはじめて唱《とな》えられたのは紀元前五世紀のことで、いまから二千四百年も大昔のことです。ギリシアの哲学者のレウキッポスとかデモクリトスとかエピクロスといった人たちが原子論の創始者《そうししゃ》として知られています。

この古代の原子論は、ときどき、「空想的原子論《くうそうてき》」と呼ばれることがあります。十九世紀のイギリスの科学者ドールトンやイタリアの科学者アボガドロの唱《とな》えた原子論はちゃんとした科学的な証拠をもとにしているので、これを「科学的原子論」と呼び、それ以前の原子論を「空想的原子論」と呼ぶのです。

しかし、私はこの呼び名に反対です。古代ギリシアの原子論にしても、それをうけついだ十七～十八世紀の科学者たちの原子論にしても、たんなる空想ではなく、ちゃんとした証拠をもとにしていたからです。私は十八世紀以後の原子論を「化学的原子論」、それ以前の原子論を「力学的原子論」と呼んで区別したほうがよいと思うのです（原子構造のことまで研究がすすんだ二十世紀の原子論を「量子力学的原子論《りょうしりきがくてき》」と呼ぶことができます）。

それなら、その力学的原子論の証拠はどんなものだったのでしょうか。古代ギリシアの原子論者たちだってやりえたほどの実験なら、私たちだってかんたんにできるでしょうから、その問題を考えてみましょう。

〔問題1〕

ここに、コップにはいった紅茶があります。その重さはいれものごとで二〇〇グラムです。この紅茶に一〇グラムの砂糖をいれることにします。この砂糖をコップの紅茶のなかにいれてよくかきまぜると、砂糖は全部とけて、まったく見えなくなってしまいます。

このとき、砂糖いりの紅茶の重さをコップごとはかったら、どのくらいの重さになっているでしょうか。

予想

ア．二一〇グラム（紅茶＋とかした砂糖の重さ）。
イ．二〇〇グラム（紅茶の重さは変わらない）。
ウ．二〇〇グラムと二一〇グラムのあいだ。
エ．二〇〇グラムよりもすくなくなる。

さて、どうでしょうか。

これまで、私はこの種の問題をいろんな機会に出題して考えてもらいました。小学生、中学生、高校生、大学生、小・中学校の先生がた、母親といった人たちです。

こういう問題は、文章だけで出題した場合と、目のまえにコップと紅茶と砂糖とハカリとをおいて、じっさいに砂糖をとかしてその重さをはかるという操作の一歩手前までやって見せて、その場で考えてもらうのとでは、その答え方にかなりの差があるようです。いま、ここでは、そういう場面をお見せするわけにはいきませんが、頭にそういう場面のことをはっきりとえがきだして考えてみてください。最近では、紅茶につけて出す小袋入りの砂糖は、三グラムぐらいに減らされていますが、昔は一〇グラムもありました。

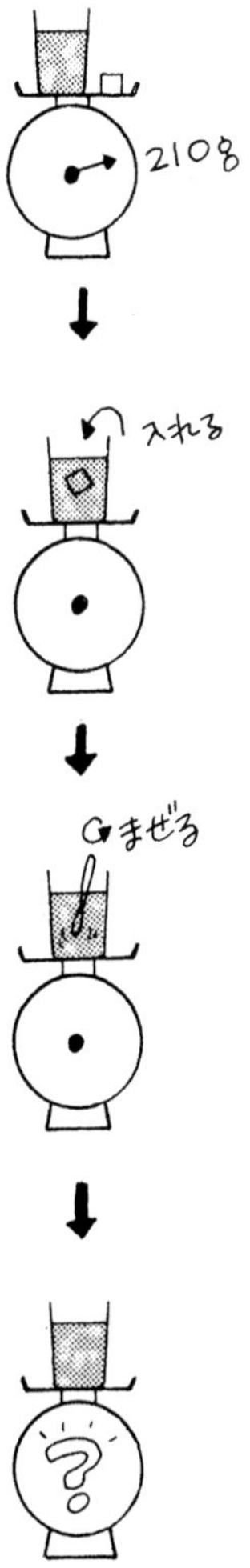

この問題の予想はアとイとに大きくわかれ、その中間のウを支持する人もいくらかいるというのがふつうです。

砂糖を水にいれてよくかきまわすと、はじめ底にたまっていた砂糖もすっかりとけて、まったく見えなくなってしまいます。いったい、砂糖はどうなってしまったのでしょうか。

ある子どもはこう答えました。「砂糖はなくなって甘《あま》みにかわった」というのです。そうすると、「いや、砂糖は見えなくなってしまったけれども、それは目に見えないような小さな小さな粒《つぶ》になっただけで、たしかに紅茶のなかにはいっているのだ」と反論する子どももいます。「そんなのは君の空想にすぎないよ。そんな粒はどこに見えるよ。砂糖はとけてなくなって甘さになってしまったんだよ」

こんな議論はいくらつづけてもはてしがありません。しかし、そのどちらが正しいかたしかめる方法もないではありません。重さをはかってみるのです。

砂糖は甘さにかわったのだという人たちは、たいてい「甘さという性質そのものには重さがあるはずがない」と考えますから、さきの問題に「イ．二〇〇グラムでかわらない」と答えます。しかし、「砂糖は目に見えなくなったといっても小さな粒としてちゃんと存在しているのだ」という人たちの考えは、これとは変わってきます。けれども、その人たちのあいだでも意見がまったく一つになるというわけでもありません。

砂糖の粒は紅茶のなかにただよっているのでしょうから、その重さは下のハカリにかからない、と考える人もいます。また、半分ぐらいだけ重さがかかるという人もいます。しかしまた、ある人たちはこう考えます。砂糖が目にも見えないほど小さな粒になって水のなかにただようといったって、その水だって小さな粒でできていると考えれば砂糖の粒が水の粒のあいだにまじっただけだ、というのです。こう考えると、「水に砂糖をとかせば砂糖の重さだけふえるのはあたりまえ」ということになります。

原子論と重さの実験

いろんな考え方を書いてみましたが、あなたはどう思いますか。すでに原子や分子のことについてひととおりの説明をきいている読者のみなさんは、最後の考えが正しいと思われるかもしれませんが、実験をしたらほんとうにそうなるでしょうか。よかったら、自分でも実験してみてください。――自分で実験するのがおっくうな人のために答えを書いておくと、水のなかに砂糖をとかすと、その砂糖の重さだけ重くなるのです。

この実験は食塩でやっても、なんでやってもおなじことです。直観的には砂糖や塩はとけて見えなくなるものですから、その重さはなくなってしまうようにも思えます。しかし、そんなことはないのです。

この、「ものは水にとけてもその重さがなくならない」という実験事実は、砂糖や水が目に見えないような小さな小さな粒でできているもっともよい証拠にはならないでしょうか。

ものが目に見えないような小さな小さな粒子《りゅうし》でできているという考え方の身についていない人びとは、たいてい〔問題1〕に正しく答えることができません。この問題の実験の結果は、一般の人びとにとってまったくおどろくべきことなのです。古代の原子論者たちは、こういうおどろくべき実験事実をもとにして、自分たちの原子論のたしかさに確信をもつことができたと私は思うのです。

古代の原子論者の書いたもののなかには、残念ながら、直接、こういう実験のことを書いたものを見いだすことができません。しかし、古代の原子論者が原子のもっとも根本的な性質として、重さのことをあげていることは注目に値するでしょう。

原子論の考え方でもっともたいせつな考え方は、「ものは無《む》から生《しょう》じたり、無《む》に帰《き》してしまうことはない」という考え方です。神様がいなくても、原子はたがいに集合離散《しゅうごうりさん》していろいろのものをつくり、また、姿をかえていくというわけです。そのとき、原子だけはなくなりもふえもしないことをたしかめる証拠として、原子の重さの不変性が重要視されているのです。

つまり、原子論の考え方は、「ものの見かけが変化しても、原子は変化しない」ということに目をつける考え方です。そして、原子そのものは絶対に生成消滅《せいせいしょうめつ》することはないという証拠として、重さがひきあいにだされるのです。ですから、古代の原子論はたんなる空想の産物だといってバカにしてはならないのです。

重さについての問題四つ

いまの人たちでも、古代原子論の考え方を知らないばっかりに、正しく考えられない問題はいくつもあります。そのうちの二、三の問題を掲《あ》げておきましょう。

〔問題2〕

水ごとで重さ二〇〇グラムの水槽《すいそう》に、重さ三〇グラムの木片《もくへん》を浮かべたら、その重さはなんグラムほどになるでしょう。（木は三分の二が水につかり、三分の一が水面にとびでています）

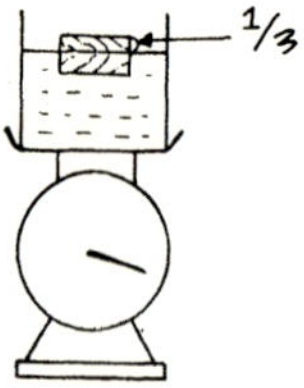

予想

ア．二〇〇グラム
イ．二一〇グラム
ウ．二二〇グラム
エ．二三〇グラム
オ．その他

〔問題3〕

いちど真空にした容器のなかに水素ガスをつめます。そのとき重さはどうなるでしょうか。

予想

ア．水素をつめると軽くなる。
イ．水素をつめると重くなる。
ウ．水素の量によって重くもなるし軽くもなる。
エ．水素をつめても重さはかわらない。

〔問題4〕

ここに金魚がいます。ある人がその金魚の重さをはかろうと思って、金魚を網ですくってぴんぴんはねるままはかりの上にのせて三〇グラムあることをたしかめました。この金魚を、水ごと重さ五〇〇グラムの水槽《すいそう》のなかにいれて、水槽ごとの重さをはかったら、なんグラムになるでしょう。

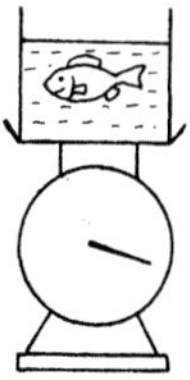

〔問題5〕

食事の直前に体重をはかったら、三〇・五キログラムありました。この人が重さ五〇〇グラム（〇・五キログラム）の飲食物をとって、またすぐに体重をはかったら、どのくらいのめもりをさすでしょう。

予想

ア．三〇・五キログラムでかわらない。
イ．三一・〇キログラムになる。
ウ．三〇・五キログラムと三一・〇キログラムの中間になる。
エ．その他。

さて、どうでしょうか。

〔問題4〕は新作の問題ですが、ほかの問題は私たちがこれまでしばしば出題してきた問題です。これらの問題はどれもみな解答のできが悪い問題で、小・中・高校で過半数が正答になることはまずありません。〔問題5〕などでは二〜三割しか正答にならないのがふつうです。

では、正答はどれでしょうか。

〔問題2〕の水の上に木を浮かす問題は、「エ．二三〇グラム」が正答です。水の上に木が浮いていると浮力《ふりょく》だのなんだのとやたらにむずかしく考えたくなる人がいますが、答えはかんたんです。木の重さは水の分子がささえているので、とうぜん、木の重さだけ重くなるのです。

〔問題3〕は、もともと私たちが作った問題ですが、一九六九年に実施された「国際理科教育調査」にも出題されました。そのときの日本の中学三年生の正答率は四四パーセントで、世界の中学生の平均が三二・三パーセントでした。正答は「イ．水素をつめると重くなる」です。水素だって原子でできているので、軽さがあるわけではありません。いれものの大きさがおなじなら、まわりの空気からうける浮力もおなじで、ボンベの重さは、水素をつめただけ重くなるのです。

〔問題4〕の答えは五三〇グラムです。金魚は生きて水のなかで泳いでいても、ちゃんとその重さがはかりにかかるのです。ですから、金魚の重さをはかるのに、網《あみ》ですくってはねる金魚をはかりの上にのせるのはかわいそうだし、ばかげているということになります。水槽《すいそう》の重さをはかっておいて、そこに網ですくった金魚をいれて、どれだけ重さがふえるかしらべればそれでよいのです。

〔問題5〕は「イ．三一・〇キログラムになる」が正答です。人間は生きています。しかし、それだからといっておなかのなかにいれた飲食物の重さをなくすことなどないのです。人間のからだも、飲食物も原子からできているので、その重さをたしたものが新しい体重となるのです。もちろん、この人が大小便をしたり、汗をかいたりして身体のなかから外に原子をだせば、そのぶんだけ重さはへります。子どもでもおとなでも、体重といえば自分の骨肉《こつにく》になった部分の重さのことだと勘《かん》ちがいすることがすくなくないようですが、自分の骨肉のほかにも身体の内部にとりいれたものすべてを含めて、体重計にかかるのです。

ここには五つの問題をだしましたが、ふつうの人で、この五問全部ができる人はほとんどいません。とくに〔問題5〕はたいていの人ができません。それほど、これらの問題は直観的にはできにくいのです。しかし、こういう問題は「水も木片も水素も金魚も人間も飲食物も、みな原子という目に見えないような粒でできている」と考える原子論者ならかんたんにできるのです。古代の原子論者たちが、こういう実験事実におどろき、それを証拠にして原子論をきずいたことはたしかだと私は思うのです。

私はそういう考えをもとにして、せめて、古代原子論の考え方ぐらいはすべての人びとが身につけてほしいと考え、こういう問題をつくってきたのです。

みんながわからなくなる問題

こういう重さの問題はけっこうみんながができないうえに、いちど実験したり考えなおしたりすると、だれにでもわかりやすいので、多くの人の興味をひきたてます。そして、とくに好奇心の強い人びとは、このほかにもこれと似たいろんな問題をつくって、みんなで考えあおうとしたりします。ところが、たいていそのうちに正答がどれだかわからないような問題をつくってしまって考えこんでしまうようになります。

それでは、ここで、そのような問題を考えてみることにしましょう。それはこんな問題です。

〔問題6〕

カゴのなかに鳥がいます。このカゴをはかりにかけたところ百グラムありました。その

とき、鳥は木にとまっていたので
すが、もし、この鳥がカゴのなか
でとんだら、その重さはどうなる
でしょう。

予想

ア．百グラムのまま。
イ．百グラムよりへる。
ウ．百グラムよりふえる。

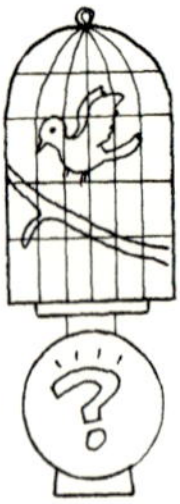

さあ、どうでしょう。この問題はかんたんそうに見えます。とんでいる鳥の重さなんか下のはかりにかかりっこないように思えるからです。けれども、「空間をとびまわっている空気その他の気体の重さだってはかりにかかる」ということを考えにいれれば、鳥の重さだって下のはかりにかかってもよいようにも思えてきます。そこで、多くの人はやや自信を失います。けれども、もうすこし考えると、「やっぱり、鳥の重さ全部がはかりにかかると考えるのはおかし

い」ということになってきます。

なぜなら、水の上に浮いている木の重さが下のはかりにかかるのは、その木の重さを下の水がささえ、それをさらに水槽がささえているからです。空気や水素の重さがはかれるのは、それがいれもののなかにとじこめられているからです。しかし、鳥がとぶ場合、その鳥の重さは下の空気にかかるでしょうが、その空気はカゴの外の空気とつながっているので、鳥の重さはかならずしもカゴのなかの空気だけにかかるとはいえません。そこで、この答えはやっぱり「イ．百グラムよりへる」が正しいのだろう、ということになります。

「それなら」と、みんなの話題ははずみます。「鳥かごのなかではなくて、密閉したプラスチックのいれもののなかで鳥がとぶ場合はどうだろう」というのです。

さて、みなさんはどう思いますか。この場合には、鳥がとんでもとばなくても全体の重さにはかわりがないようにも思えるし、そう考えるのはやはりむりがあるようにも思えて、みんな自信を失ってしまうのがふつうのようです。

じつは、この問題、問題自身に難点があるのです。このようにものがはげしく動く場合には、はかりの針がたえずゆれ動いて重さをはかることができなくなるからです。それは体重計にのってからだを動かした場合とおなじです。片足だけではかりの上にたっても、しゃがんでも、ふんばっても、体重計の針はおなじ重さをさしますが、すこしでも動くと、はかりの針ははげしく動揺《どうよう》してしまいます。それとおなじで、鳥がとびたったりとまったりするたびに、はかりのめもりはグラグラと動揺してしまうのです。ふつうの鳥かごでやってもおなじことです。

それなら、どうして気体の重さははかりではかれるのでしょうか。気体の分子は空間をはげしくとびまわっているというのに、はかりのめもりが動揺しないのはどうしてなのでしょうか。——それは、じつは気体の分子の数が、前にお話したように、とんでもなくたくさんあるからなのです。ある瞬間に容器の下の壁にぶつかる分子の数だけだってたいへんなものです。ところが、そういうたくさんの数が壁にぶつかって壁を押す力は、平均して、いつもほとんどまったくおなじになってしまうのです。

サイコロを六十回ぐらいふったのでは、それぞれの目が平均して十回ずつでるということはほとんどなく、七回しかでない目があったり、十四回もでる目があったりして、うまいぐあいに平均しません。ところが、サイコロを六億回、六京《けい》回もふれば、だいたいどの目もほとんどおなじぐらいずつでるようになります。一つの目がでる回数が千回ぐらいちがっても、一億回のうちの千回のちがいではほとんどちがわないうちにはいるのです。それとおなじで、容器のなかでとびはねている気体分子が壁にぶちあたる力は、いつもほとんどおなじで、ちょうどその容器のなかにはいっている気体の重さに相当するものになってしまうのです。

気体や液体の分子だって、数がやや少なくなると、それがほかのものにぶつかっておよぼす力は平均がとれなくなってしまいます。たとえば、たばこの煙はとても小さな固体の粒がたくさんあつまっているのですが、この小さな粒の一つ一つにぶつかる空気分子の力は平均しません。そこで、この粒の動きを顕微鏡で見ると、粒がたえずふらついていることがわかります。プラスチックのいれものの中の鳥はただの一羽で、それがとんだりとまったりすれば、はかりがはげしくゆれ動くのもとうぜんのことです。しかし、そのはかりのゆれを平均すれば、鳥がとまっているときとおなじ重さになるでしょう。

雲が浮き、飛行機がとんでいる場合についてもおなじことがいえます。雲や飛行機は空気の上にのっていて、そこに働くいろいろな力がバランスしているからおちてこないのですが、雲や飛行機の重さを含めた地球の全体の重さは全体としてかわることはないのです。

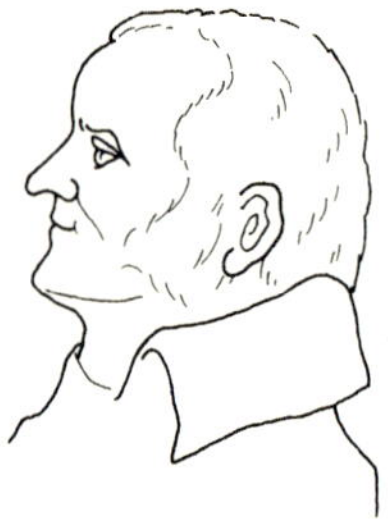

ジョン・ドールトン
(1766年〜1844年)

ドールトンは、化学と原子論とを結びつけて、今日の化学の基礎をきずいた。

彼は、村の小学校で学んだときから、数学がとてもよくできた。そこで、十二歳で村の小学校の校長に選ばれた。生徒のなかには自分より年上のものがいたという。その後、彼は、私立の中学校を経営し、そのかたわら気象学の研究に興味をもった。

それからさらに、とくに気体の化学変化にも興味をもち、原子論の考えかたと化学変化とを結びつけようと努力した。そして、ついにさまざまな原子一個の重さの割合をつきとめるところまで研究をすすめた。そして、原子を記号であらわすことをはじめ、原子論的化学の基礎を確立した。

しかし、彼は、最後まで大学の教授にならず、塾のような学校の先生でとおした。

第8話　ものの重さと体積——原子や分子に目をつけて

原子と重さに関する話題をもうすこしつづけることにしましょう。

重さの問題は、浮力《ふりょく》だとか生命《せいめい》だとかが関係してくるととても考えづらくなりますが、そのほか気体の重さのことも考えなければならなくなると、またむずかしくなります。気体は、ちゃんと囲《かこ》っておかないと、どこへでも逃げだしてしまうし、重さもはかりにくいからです。そこで、こんどは気体をふくむ問題を考えることにしましょう。

ものから気体がでると、その重さは?

まず、問題を見てください。

〔問題1〕

サイダーやコーラなどは、コップにあけると、泡《あわ》がさかんにでてきます。あの泡《あわ》は二酸化炭素（炭酸ガス）という気体です。

びんにはいっているときのサイダーやコーラの重さをはかっておいて、それからなかに含まれていた気体をほとんど全部だしてしまい、それから重さをはかったら、その重さはどうなっていると思いますか。

予想

ア．気体がでても、重さはかわらない。

イ．気体がでれば、すこしは重さがへる。

ウ．気体がでれば、すこしは重さがふえる。

さて、どうでしょうか。これは、じっさいにはかって、たしかめてみることができるのですが……。

こういう問題をだすと、「二酸化炭素という気体にはどのくらい重さがあるのだろうか」「それは空気より重いのだろうか、軽いのだろうか」などとさかんに考えこむ人がいます。「気体の場合には浮力のことも考えなければならないから、この問題はずいぶんむずかしいぞ」などという人もいます。

けれども、この問題はそんなにむずかしく考える必要はないのです。コップについだサイダーのなかには、はじめ二酸化炭素の分子がはいっています。それが気体になってコップの外にとびでていくのです。ですから、そのとびでてしまった分子の重さだけへるのはあたりまえのことです。二酸化炭素はふつう気体になっていますが、サイダーにとけているときまで気体——重さはない——などと考えるのはまちがっているのです。

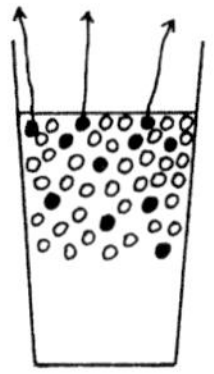

あなたはドライアイスというものをご存知ありませんか。アイスクリームなどを遠くにもちはこぶときに、とけないようにいれる氷のようなかたまりです。

このドライアイスは二酸化炭素のかたまりなのです。二酸化炭素はふだんは気体なのですが、うんと冷やすと、固体のドライアイスになるのです。ドライアイスをふつうの気温のところにおいておくと、二酸化炭素の分子がどんどん空気中にとびだしていってしまいます。このとき、ドライアイスの重さがへるのはあたりまえのことです。でていくものが気体でも、もともと、固体や液体となっていた分子がとびだしてしまえば、重さがへるのはあたりまえといってよいでしょう。

それではサイダーの場合、二酸化炭素の分子がとびでていくために、どのくらいの重さがへるでしょうか。じっさいにはかってみればすぐにわかりますが、一本、一～二グラムぐらいはへります。いきおいよく泡《あわ》をだすと、水分もいっしょにコップからとびでてしまいますが、そのことに注意してはかっても、一～二グラムはへるのです。

気体がでていくときの化学変化と計算

そこでもう一つ、気体を含む問題をだしておきましょう。

〔問題2〕

炭酸水素ナトリウムという白い粉末《ふんまつ》を知っていますか。「炭酸水素ナトリウム（$NaHCO_3$）は、重炭酸《じゅうたんさん》ソーダともいい、略して〈重《じゅう》ソー〉ともいう」といえば、「ああ、それなら知っている」という人もすくなくないことでしょう。胃のくすりにしたり、パンを焼くときの「ふくらまし粉」にしたりします。この炭酸水素《たんさんすいそ》ナトリウムに塩酸《えんさん》や酢《す》など酸《す》っぱい液（酸性《さんせい》の液）がまじると、はげしく泡がでます。炭酸水素ナトリウムがこわれて気体の二酸化炭素ができ、それが泡になって、空中にでていくのです。

さて、はじめに重さ八・四グラムの炭酸水素ナトリウムと重さ九・九グラムの塩酸をとってまぜあわせたとき、その重さはどうなるでしょう。（このときでる二酸化炭素の体積は約二・二リットルです）

予想

ア．はじめの（炭酸水素ナトリウムの重さ）＋（塩酸の重さ）＝一八・三グラムになる。

イ．一八・三グラムよりも軽くなる。

ウ．一八・三グラムよりも重くなる。

さて、どうでしょう。

もう、〔問題1〕をすませているかたがたなら、たいていのかたが正しく答えることができるようになっていると思います。はじめ炭酸水素ナトリウムの一部を構成していた二酸化炭素が独立の分子としてたくさんでていってしまうのですから、とうぜん軽くなります。

それなら、その重さはなんグラムぐらいへると思いますか。出ていった二・二リットルぶんの二酸化炭素の重さはどのくらいか、というわけです。

中学校程度の化学の知識を思いかえせる人には、ここでひとつ計算していただきましょう。炭酸水素ナトリウムの化学式は $NaHCO_3$ で、塩酸は塩化水素 HCl が水にとけたものです。ですから、この化学変化は、

$$NaHCO_3 + HCl (+ H_2O) \rightarrow NaCl + H_2O + CO_2 (+ H_2O)$$

という式で書きあらわすことができます。NaCl というのは食塩です。水があるので、この食塩は水にとけてしまいます。つまり、炭酸水素ナトリウムと塩化水素（塩酸）とがいっしょになると、食塩水と二酸化炭素とができることになります。

それでは、計算してみましょう。水素（H）原子一個の重さを xg とすると、酸素（O）原子一個の重さはその十六倍の $16x$g です。また、炭素（C）原子一個は $12x$g、ナトリウム（Na）原子一個は $23x$g です。

そこで、$NaHCO_3$ 一個の重さは（$23x + x + 12x + 16x \times 3$）$g = 84xg$ ということになります。CO_2 は（$12x + 16x \times 2$）$g = 44xg$ です。

さて、さきの化学式によると、$NaHCO_3$ 一個から CO_2 が一個できるというわけですから、$84xg$ の炭酸水素ナトリウムから $44xg$ の二酸化炭素がでていくことになります。はじめの重さの半分以上が気体となってにげていってしまうわけです。そこで、はじめに八・四グラムの炭酸水素ナトリウムがあって、それが全部分解するのに十分な量の塩酸を注いでやれば、そのうち四・四グラムぶんだけは気体となってでていってしまい、それだけ重さがへることになります。

ほんとうに気体がでていっただけで、そんなに重さがへるものでしょうか。それは実験してみればすぐわかることです。実験してみれば計算どおりになるのです。気体だからといって、ばかにはできないわけです。

昔から中学や高校の化学の教育では、いろいろの計算問題がでてきます。けれども、その計算の結果がほんとうにあっているかどうかということを実験でたしかめるということは、まったくといっていいほど行なわれていないようです。少なくとも私のうけた教育はそうでした。

そのため、私は「計算はただ試験をパスするためだけのものであって、実験でそうかんたんにたしかめられるようなものではない」などと思いこんでしまっていました。しかし、いまの計算などはかんたんに実験でその結果をたしかめられるのです。ここで、じっさいに実験をしてみせられないのが残念です。

さて、化学の式をみると、それだけでもううんざりするという読者のかたがたもすくなくないでしょうから、このへんで話題をふたたび直観的な事柄に転ずることにしましょう。

体積のたし算と重さのたし算

そこで、また問題を考えていただくことにしましょう。

〔問題3〕

ここに、アルコールと水がそれぞれ五〇立方センチメートルずつあります。その重さは、水が五〇グラム、アルコールが三九・五グラムです。このアルコールのなかへ水をいれたら、そ

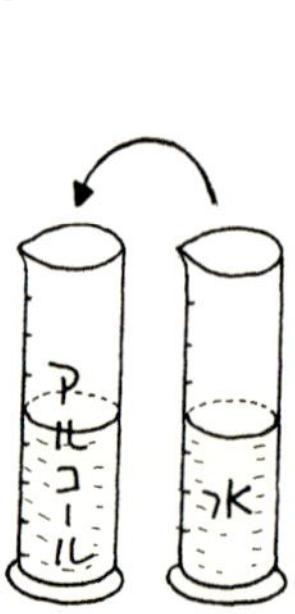

――の体積と重さはそれぞれどうなるでしょう。

これはまったくばかばかしいほどやさしい小学校低学年のたし算の問題のように思われるかもしれません。体積は五〇立方センチメートル＋五〇立方センチメートル＝一〇〇立方センチメートルで、重さは五〇グラム＋三九・五グラム＝八九・五グラムにきまっていると思われるかもしれません。

しかし、話はそうかんたんではないのです。読者のみなさんといっしょに実験をしてみることができないのが残念ですが、体積五〇立方センチメートルのアルコールに水五〇立方センチメートルを加えても、その全体の体積は一〇〇立方センチメートルにはならないで、九八立方センチメートルぐらいにしかならないのです。

「ナーンだ、二立方センチメートルちがうだけか、それなら、なにかのはかりちがいだろう」という人がいるかもしれません。たしかに一〇〇立方センチメートルと九八立方センチメートルぐらいのちがいなら、液体の体積をはかるメスシリンダーのめもりをうたがってみるとか、メスシリンダーにくっついて残ってしまう水滴のことをうたがってみる必要もあるでしょう。

そういう疑いがあったら、こんどはおなじメスシリンダーをつかって五〇立方センチメートルの水と五〇立方センチメートルの水とを加える実験をやってみればいいのです。その場合にちゃんと一〇〇立方センチメートルになるなら、アルコールと水の場合は、はかりかたのせいではなく、体積がへることはたしかだということになります。わずか二立方センチメートルのちがいといっても、じっさいに二立方センチメートルの体積を図に書いてみたりすれば、けっしてそうすくない量ではないことがわかるでしょう。

いったい、この二立方センチメートルはどうしてへってしまったのでしょうか。アルコールと水とをまぜると、なにかが蒸発して空気中に逃げてしまうのでしょうか。じっさいにこの実験をやってみても、液面からなにかがどんどん空気中に逃げていっているといった気配はまったくありません。ただ、水とアルコールとをまぜたとき、一時、液のなかにうねりのようなものがみえ、液がかなり熱くなるということがかわったところだといえるでしょう。

さて、「水とアルコールとをまぜたら、その体積がたし算したものよりへってしまう」となったら、重さのほうもちょうどたし算したものになるかどうか疑わしくなってきます。体積とおなじように、重さのほうもたし算したよりもへってしまうでしょうか。それとも、重さは体積とちがってたし算したものになるにきまっているでしょうか。それとも体積がへっただけ重さがふえるなんていうことがあるでしょうか。すこし考えてみてください。

重さについての実験の結果をお知らせするまえに、体積の場合、両方の体積をたし算したものにならないという不思議なことがおきたのはなぜか、ということについて考えなおしてみましょう。

そのことについて考えるには、二つのものをいっしょにしたとき、その体積が両方の体積をたし算したものに等しくならない場合がほかにもあるかどうか、考えてみるとよいでしょう。あなたはそういう場合があることに思いあたりませんか。

じつは、そういう例はいくらでもあります。お米と水をまぜる場合もそうです。八デシリットルの米に一〇デシリットルの水を注いでも一八デシリットルにはなりません。この場合は、水が米と米とのすきまにはいってしまうことがわかりきっているので、なんの不思議もありません。米の場合は、米と米のあいだにすきまがあるから、体積がたし算にならなくてもあたりまえなのですが、水とアルコールの場合には、ぎっしりつまっていて、すきまなどありそうに思えません。

しかし、ここで、「水もアルコールもじつは目に見えないような小さな小さな粒――分子からできている」ということを思いだしてください。水やアルコールの分子が粒子であるなら、その粒子のあいだにはすきまができるはずです。しかも、原子がいくつかくっつきあって分子をつくるときには、（第5話で説明したように）原子どうしがしっかりはいりこんでしまうことがあるほど、原子や分子のなかはすきまだらけなのですから、いくつかの種類の原子や分子が集まったとき、その体積がたし算したものに等しくならないことがあったとしても、それほど不思議ではないでしょう。

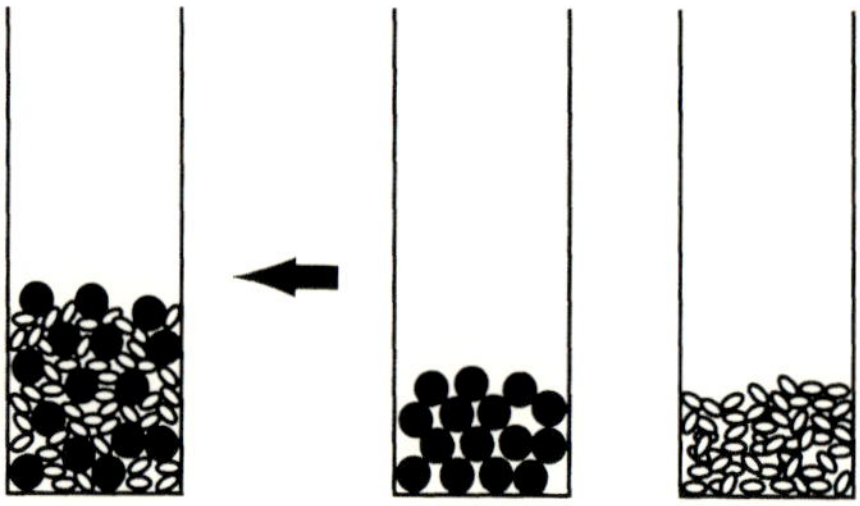

水とアルコールとをまぜる場合、二つの分子がどんなにまじりあうのかということを考えるには、米と水とをまぜる例をとるよりも、米と小豆《あずき》のように目にみえて大きさのちがう粒《つぶ》をまぜあう場合を例にとったほうがよいかもしれません。

この場合にも、大きい小豆の粒のすきまには米粒がはいりこめるので、小豆の体積と米の体積とをたしたものよりも体積がへることになります。

水とアルコールの場合、分子の大きさはアルコールのほうがだいぶ大きいのですが、アルコールと水とはかなりしっかりと結びつくので、そのために体積がへるのです。アルコールと水とをまぜるとかなり熱をだしますが、それはアルコールの分子と水の分子がふつうにまじりあうだけでなく、分子どうしがかなり強く結合しあうためなのです。

さて、それなら、水とアルコールとをまぜたとき、その重さはどうなるでしょう。体積とおなじようにへるでしょうか。――いや、まったくへらないのです。体積とちがって重さだけは、原子がどこかにとびでていかないかぎり、なくなることはないのです。こういう点でも、重さは原子のもっとも根本的な性質といえるのです。

ものが加われば、体積はかならずふえるか

「ものとものとをまぜ合わせたとき、その重さはいつもたし算したものになっているが、その

体積はいつもたし算したものになるとはかぎらない」というと、体積のほうはいかにもあてにならないものだということになります。そこで、あるすぐれた理科教育の研究者は、体積だってそうばかにしたものではない、ということを示そうとして、つぎのように書いたことがあります。（『理科教室』一九七二年一月号）

体積の場合、あるものにほかのものを加え合わせたとき、加えたものの体積だけ全体の体積がふえるとはかぎらないけれど、「まえの体積よりもふえることはたしかだ」というのです。たとえば、水にアルコールをまぜる場合にしても、もとの水だけのときよりも体積がへってしまうなどということはないので、体積がふえることはたしかだから、これはたしかなことだというわけです。

しかし、体積の場合、残念ながらこういう原則もなりたたないのです。たとえば、ナトリウム（Na）という金属が空気中の酸素（O_2）と結びついて、酸化ナトリウム（Na_2O）になったり、水と化学変化をおこして水酸化ナトリウム（NaOH）になる場合がそうです。

ナトリウムは銀白色のやわらかな金属で、密度が小さくて水にも浮いてしまいます。もっとも、いつまでも水のうえに浮かせておくわけにはいきません。ナトリウムは水と化学変化をおこしやすくて、水のなかにいれるとすぐに水素を発生して水面をはしりまわり、水酸化ナトリウム（カ性ソーダともいう）となってしまいます。

さて、はじめに体積二三・七立方センチメートルの金属ナトリウムがあったとします。その重さは二三グラムほどです。このナトリウムに酸素が結合すると、酸化ナトリウムという白色粉末になりますが、その粉末の粉のあいだのすきまをのぞく体積を計算すると、一三・七立方センチメートルもないことがわかります。二三・七立方センチメートルの金属ナトリウムに酸素が結合して酸化ナトリウムになると、体積がふえるどころか一〇立方センチメートルもへってしまうというわけです。

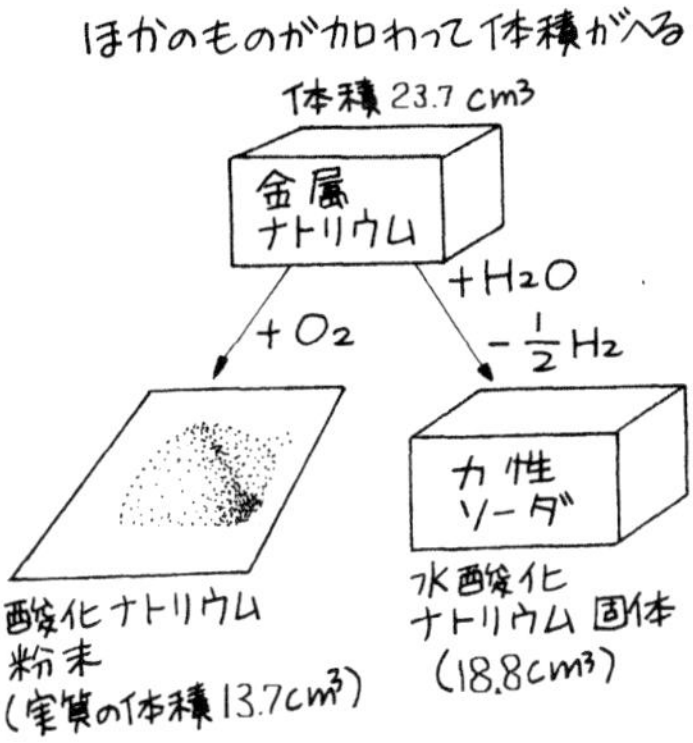

金属ナトリウムが水と化合して、ナトリウムにOHという原子が加わって水酸化ナトリウムができる場合もおなじです。この場合は、はじめ二三・七立方センチメートルだったナトリウム金属にOHが結合したばっかりに、体積がかえってへって一八・八立方センチメートルほどに

なってしまうのです。

　このことは、いまから百年以上も前に、イギリスの製本職人あがりの大科学者ファラデーが気づいて注目していたことです。ある原子（や分子）にほかの原子（や分子）をつけ加えると、重さはかならずたし算したものになりますが、体積はたし算できないだけでなく、かえってはじめの体積よりへってしまうこともあるのです。

　こんなことがおきるのは、原子や分子のあいだだけでなく、原子や分子そのものが、なかがすきまだらけで、ときと場合によっては、うんとおしちぢまることもあるからです。しかし、どんな場合でも、重さはいつもたし算したものになるのです。重さがたし算できなくなるのは、原子そのものがこわれてしまうような場合だけですから、いまは考える必要はありません。だから、重さは原子や分子のもっとも基本的な性質だといってよいのです。

重さということば

「原子や分子の重さは、変わることがなくて、いつもたし算ができる」というと、こんなことをいう人がいるかもしれません。「だって、〈月の上では、ものの重さは軽くなる〉というでしょう！　重さは引力の大きさによってかわるので、場所によってちがうから、〈原子や分子の重さは絶対に変わらない〉などとはいえないのではありませんか」というのです。

たしかに、「月の上では、ものの重さは軽くなる」というようなことがいわれることがあります。しかし、こういういい方は日本語としてどうかと私は思うのです。

なぜなら、「月の上では、ものの重さは軽くなる」というときの重さというのは、月がそのものをひっぱる引力（＝重力）の大きさのことをさしています。こういう重力（引力）のことを重さと呼ぶのが日本語としていいかどうか、というのです。私は、こういう重力や引力の大きさをさすときには、ちゃんと「重力」とか「引力」とかいうことばを使って、「重さ」ということばを使うべきではないと思うのです。

もっとも、すこし前までは、理科教育の世界でも、私のような考え方はまったくうけいれられることがありませんでした。科学者たちの学術用語の使い方のよりどころとなっている『理化学辞典』（岩波書店）をはじめ、ほとんどすべての物理学の教科書・参考書には、「ものの重さというのはその物体に働く重力（地球の引力）のことだ」とはっきり書いてあったからです。しかし、近ごろは、「重さとは重力のことだと説明するのはおかしいのではないか」という私の考えが、かなり広くうけいれられるようになってきました。

「重さ」ということばは、ほかの多くの日本語とともに日常用語であって、科学者がつくりだしたものではありません。ですから、そのことばは、限定した意味をもった科学用語として用いるときでも、日常用語としての意味を大きくまげて使うことは許されるはずがありません。科学者が「重さとは重力のことだ」と勝手に定義し、学校の科学教育でそれをいくらおしつけても、私たちはそれとはべつに、日常用語として感じとっている「重さ」ということばを守りとおしていく権利があるのです。

重さということばを日常生活のなかで用いるとき、私たちは「重さ一キログラムのミカン」とか、「米四キログラム」などという使い方をするのがふつうです。このときの重さというのは、そのミカンや米の量をあらわしています。重さ四キログラムの米そのものは、月へ持っていっても、どこへ持っていっても、変わることがありません。それにグラムとかキログラムとかいう単位だって、ものそのものの量（質量）をあらわす単位であって、重力の単位ではありません。重力の大きさをあらわすには、「四キログラム重《じゅう》」とか「四キログラム力《りょく》」とかいうようにいわなければならないのです。ですから、私たちの日常感覚からすると、「重さ」ということばは「力の大きさ」ではなくて、「ものの量」をあらわすことばといってよいのです。それなのに、日本に物理学を輸入した昔の物理学者たちは、「ものの重さがはかれるのはそれに重力がはたらくからだ。だから、重さというのは重力のことなのだ」などという理屈をもとにして、「重さ＝重力」としてしまったのです。

日常生活のなかで重力の大きさが問題になるときには、私たちは「重さ」のかわりに、「重み」とか「重い」とかいうことばをつかいます。荷物を手にさげてみて、「だいぶ重みがあるな」といったりするのです。私たちは「これは重さが一〇キログラムもあるからだいぶ重いよ」などといって、「そのものの量（重さ）が多ければ、それだけ余分の力でひかれるから持つのが大変だ」というように、重さと力とをかなりはっきり区別したいい方をするのがふつうなのです。「石を水のなかにいれると、その重さが軽くなったように感じる」などというい方も、「石そのものの重さは変わるはずがないのに、石を水のなかにいれると、その石をもちあげるのに必要な力がすくなくてすむようになる」という意味です。つまり、重さということばを力そのものをさすことばとして使っているわけではないでしょう。要するに、私たちは重さということばを日常生活のなかでほとんどつねにものの量をあらわすことばとして使っているのですから、「原子や分子の重さは絶対に変わらない」といってもよいわけです。

科学で用いることばを、私たち日本人が日ごろ使いなれていることばと遊離《ゆうり》させないで、わかりやすいことばになおしていくという仕事は、科学をすべての日本人のものにしていくための基礎作業の一つとしてひじょうにたいせつな仕事だと私は思います。

そのことに関連してもう一つだけ例をあげておきましょう。重力の単位にg重《グラムじゅう》（gwとも書く）とかkg重（kgwとも書く）という単位が使われることがありますが、これなどはたいへんわかりづらいことばです。「g重（gw）とはなんの単位か」という問題を出すと、いわゆる一流大学の理工系の学生でも、できない人がたくさんでてきます。ところが、これをg力《りょく》（gfとも略す。f＝force の略）と書き表わすことにしたら、そのむずかしさはいっぺんになくなってしまいます。

私たち仮説実験授業研究会では、すでにg力という表現方法を広く採用していますが、こういう改革をやっているのは私たちだけではありません。フランスでも、以前、g重に相当するgp（pはフランス語で重さをあらわすpoids の略）という記号を使っていましたが、近ごろはこれをg力に相当するgfという記号に書きかえはじめています。ですから、私たちが、以前、フランスの高校生にテストしたときに「g力（gf）とはなんの単位か」という問題をいれたら、一〇〇パーセントできました。g重（gw）やgpなら理解しにくいことでも、g力（gf）なら力の単位であることがすぐにわかってしまうのです。

ファラデーは、「真理をかぎつける鼻をもっているにちがいない」といわれるほど、一人でたくさんのことを発見した。モーターや発電機の原理を発見したのも彼である。

彼の家は貧しく、はじめ製本屋の小僧となって働いた。ところが、その仕事のあいまに、科学の本を読んで実験をするたのしさをおぼえ、ロンドンの王認科学講習所の助手にしてもらった。

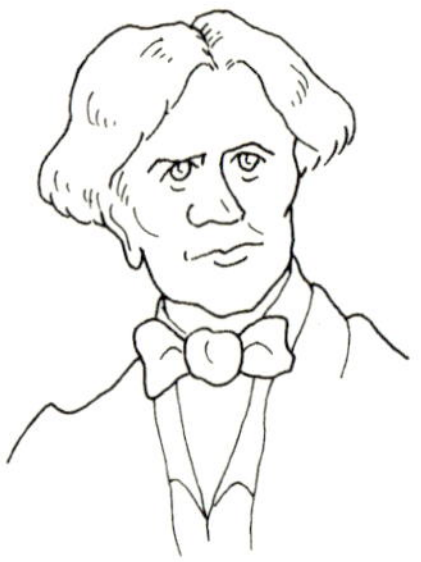

マイケル・ファラデー
（1791年～1867年）

彼は数学についてはほとんど素養がなかったが、それがかえって彼の研究にプラスしたといってよいだろう。つまらない数式のかわりに、自然について生き生きとしたイメージをもって実験にうちこんだ成果があがったのだ。

彼の数多くの論文にはひとつとして数式がでてこない。そこで、かえって、彼は当時の学者には理解されなかった。

もう少しくわしく知りたい人のための文献案内

もしかすると、学校の先生がたのなかには、この本に書かれている話題を手がかりにして、自分の教えている理科の授業を改善しようと考えられた人もあるかと思います。また、自分のお子さんと話し合うために、ここで話題としてとりあげたことについて、もうすこしくわしく知りたいというかたがたもあるかもしれません。そういうかたがたのために、話題ごとに二〜三の本を紹介しておきますので、参考にしてください。

まず、この本のいたるところで、私たちの研究している仮説実験授業について言及しましたが、これについてまとまったことを知りたいかたは、つぎのような本をみてください。

板倉聖宣著 新版『未来の科学教育』(仮説社、二〇一〇年)

これは一般むきのものです。

板倉聖宣著『仮説実験授業のＡＢＣ』(仮説社、一九七七年初版、二〇一一年第五版)

これは、仮説実験授業を実施しようという教師むきの入門書です。

板倉聖宣著『仮説実験授業――授業書〈ばねと力〉によるその具体化』（仮説社、一九七四年）

これは仮説実験授業の理論、考え方をくわしく論じたものです。

板倉聖宣・上廻昭・庄司和晃著『仮説実験授業の誕生』（仮説社、一九八九年）

仮説実験授業研究会／板倉聖宣編　授業書研究双書『光と虫めがね』（仮説社、一九八八年）

『ものとその電気』（仮説社、一九八九年）

『磁石　ふしぎな石＝じしゃく』（仮説社、一九八九年）

これらは個々の授業書の内容をくわしく解説したもので、それらの授業書で授業を実施しようとする先生むきのものです。

第1話「雨粒の落ちる速さをはじめとする落下速度の問題」については、本文中にも書きましたが、

板倉聖宣著『ぼくらはガリレオ』（岩波書店、一九七二年）

をみてください。また、中学や高校で運動力学の初歩を教えようという人は、仮説実験授業の

授業書《力と運動》をご検討ください。

第2話・第3話　ありの足の数や動物の足の数については、
板倉聖宣著『新版・足はなんぼん？〈いたずらはかせのかがくの本〉』（仮説社、二〇一六年）
を参照してください。「いたずらはかせのかがくの本」シリーズは、小学校低・中学年でも読めるようにつくられた大判のカラー絵本です。くわしい解説もついています。

「石は磁石にすいつくか」については、板倉聖宣著『ふしぎな石――じしゃく』〈いたずらはかせのかがくの本2〉（国土社、一九七〇年）
板倉聖宣著『砂鉄とじしゃくのなぞ』（仮説社、二〇〇一年）
が参考になります。

第4話　日本人の空気の認識の歴史――沢庵和尚などの「気」についての考えかたの歴史については、
板倉聖宣著『科学はどのようにしてつくられてきたか』（仮説社、一九九三年）

が参考になります。

第5話　溶解と結晶については、仮説実験授業の授業書《溶解》と《結晶》があります。

第6話　ここにとりあげた分子模型そのものは、仮説社で扱っています。
板倉聖宣著『新版・もしも原子がみえたなら〈いたずらはかせのかがくの本〉』（仮説社、二〇〇八年）
この本には原子模型の絵がカラーではいっていて便利です。仮説社のホームページをご参照ください。
平尾二三夫・板倉聖宣著『発泡スチロール球で分子模型を作ろう』（仮説社、一九九二年）

第7話・第8話　原子論と重さのことについては、
板倉聖宣・江沢洋著『物理学入門――科学教育の現代化』（国土社、一九六四年）
この本の前半は「原子論からみた力学」となっていて、くわしく、わかりやすく書いてあります。

板倉聖宣著『原子論の歴史――誕生・勝利・追放（上）』『原子論の歴史――復活・確立（下）』（仮説社、二〇〇四年）

も参考にしてください。

このほか、まえにあげた『未来の科学教育』も、授業書〈ものとその重さ〉を中心に書いてあるので、参考になるでしょう。

板倉聖宣《いたくらきよのぶ》

1930年　東京下谷（現・台東区東上野）に生まれる。

1958年　物理学の歴史の研究によって理学博士となる。

1959年　国立教育研究所（現・国立教育政策研究所）に勤務。

1963年　仮説実験授業を提唱。科学教育に関する研究を多数発表。教育の改革に取り組む。また，『発明発見物語全集』『少年少女科学名著全集』（いずれも国土社）を執筆・編集し，科学読み物の研究を続ける。

1983年　教育雑誌『たのしい授業』（仮説社）を創刊。編集代表。

1995年　国立教育研究所を定年退職。私立板倉研究室を設立。同時にサイエンスシアター運動を提唱・実施。

主な著書

『もしも原子がみえたなら』『空気と水のじっけん』『科学的とはどういうことか』『地球ってほんとにまあるいの？』『砂鉄とじしゃくのなぞ』『ジャガイモの花と実』『科学の本の読み方すすめ方』（名倉弘と共著）『サイエンスシアターシリーズ』（以上，仮説社）『ぼくらはガリレオ』『ぼくがあるくと月もあるく』（岩波書店）『火曜日には火の用心』（国土社）などの啓蒙的な本の他に，『仮説実験授業』『未来の科学教育』『科学と科学教育の源流』『科学者伝記小事典』『フランクリン』『原子とつきあう本』『原子論の歴史（上・下）』『増補 日本理科教育史（付・年表）』（以上，仮説社）など。

＊本書は，『科学新入門　科学の学び方・考え方』として太郎次郎社から1975年に発行されたものの前半部分（第１～８話）を新版として再刊したものです。

科学新入門・上
大きすぎて見えない地球　小さすぎて見えない原子

2005年８月10日　初版発行（2500部）
2016年10月30日　２刷発行（100部）

著者　板倉聖宣　©ITAKURA KIYONOBU，2005
発行　株式会社 仮説社
170-0002 東京都豊島区巣鴨1-14-5
電話 03-6902-2121　FAX 03-6902-2125
www.kasetu.co.jp　mail@kasetu.co.jp
印刷　石川特殊特急製本株式会社
Printed in Japan　ISBN978-4-7735-0273-2